本著作获以下项目资助：
国家自然科学基金项目（61731015，62271393）
国家重点研发计划（2019YFC1521103）
陕西省自然科学基础研究计划项目（2021JQ-765）
西安财经大学"青年英才发展支持计划"
西安财经大学研究生教育教学改革重点项目
西安财经大学学术著作出版

U0182319

三维点云数据处理关键技术研究

赵夫群 郭 晔 著

电子工业出版社

Publishing House of Electronics Industry

北京·BEIJING

内 容 简 介

点云数据处理是三维图像重建领域的一项重要研究内容之一，涉及去噪、简化、配准、分割及检索等关键技术，已经在医学研究、文物虚拟复原及工程建设等领域得到日益广泛的应用。本书共 14 章，全面系统地介绍了点云数据的类型、特点和获取方法，以及常见点云数据处理技术的应用领域，重点提出了与点云去噪、点云简化、点云配准、点云分割、点云数据模型检索等相关的 11 种优化点云数据处理算法，并将其应用于实际领域。

本书强调理论创新，注重实验验证，并提供了样例示范，内容丰富多样，可供图形图像处理、测绘遥感、计算机视觉等专业研究生使用，对从事相关研究的科技人员及业余爱好者也有一定的参考价值。

图书在版编目（CIP）数据

三维点云数据处理关键技术研究 / 赵夫群，郭晖著. 一北京：电子工业出版社，2023.9
ISBN 978-7-121-46324-2

Ⅰ. ①三… Ⅱ. ①赵… ②郭… Ⅲ. ①云计算－数据处理－研究 Ⅳ. ①TP393.027②TP274

中国国家版本馆 CIP 数据核字（2023）第 170498 号

责任编辑：刘小琳
印　　刷：天津千鹤文化传播有限公司
装　　订：天津千鹤文化传播有限公司
出版发行：电子工业出版社
　　　　　北京市海淀区万寿路 173 信箱　　邮编　100036
开　　本：720×1 000　1/16　印张：12.25　字数：220 千字
版　　次：2023 年 9 月第 1 版
印　　次：2023 年 9 月第 1 次印刷
定　　价：98.00 元

前　言

随着三维激光扫描技术的日趋成熟，获取物体或场景的高精度三维点云数据模型已经轻而易举了，而如何给予点云数据一个好的处理算法则逐渐成为三维建模的关键研究内容。点云数据处理就是对点云数据模型进行去噪、简化、配准、融合、分割及检索等操作，可以为后期三维图像重建奠定数据基础，目前已经在医学研究、文物虚拟复原及工程建设等领域得到日益广泛的应用。

本著作内容分为 7 个部分，主要涉及点云数据处理的基本理论、点云去噪算法、点云简化算法、点云配准算法、点云分割算法、点云数据模型快速检索算法及点云数据处理技术的应用。

第一部分（第 1 章）为点云数据处理概述，介绍了点云数据的获取、类型、存储格式和特征，点云数据处理涉及的算法，以及常见点云数据处理技术的应用领域。第二部分（第 2 章）提出了一种特征保持的点云去噪算法。第三部分（第 3～5 章）提出了 3 种点云简化算法，即基于信息熵和聚类的点云简化算法、基于点重要性判断的点云简化算法、基于栅格划分和曲率分级的点云简化算法。第四部分（第 6～9 章）提出了 4 种点云配准算法，即基于正态分布和曲率的层次化点云配准算法、基于特征点和改进 ICP 的点云配准算法、基于特征区域划分的点云配准算法、基于降维多尺度 FPFH 和改进 ICP 的点云配准算法。第五部分（第 10～11 章）提出了两种点云分割算法，即基于改进随机抽样一致的点云分割算法、基于 SVM 和加权 RF 的点云分割算法。第六部分（第 12 章）提出了一种基于特征融合的点云数据模型快速检索算法。第七部分（第 13～14 章）介绍了点云数据处理技术在文物修复和颅面复原中的应用。

本著作融入了作者多年研究点云数据处理技术和三维图像重建的理论与实践成果，具有如下特色：

（1）强调理论创新，注重实验验证。本著作注重点云数据处理相关算法理论创新和性能优化，并采用多种点云数据对提出的算法进行实验验证和分析，范例突出算法步骤实现的技术过程。

（2）结构简明，内容丰富。本著作从理论基础、算法创新和示范应用 3 个方面对算法进行优化、创新和实践研究，涉及点云数据处理技术的去噪、简化、配准、分割和检索 5 个方面的内容，以简洁直观的方式描述算法思想和步骤，提供了算法解决问题的范例与途径。

（3）提供样例，示范应用。本著作提出的所有算法均编排应用了案例示例，示范算法的实现结果和分析方法，有利于引导读者加深对内容的理解和应用。

本著作由赵夫群和郭晔编写，第 1～12 章由赵夫群编写，第 13～14 章及后记由郭晔著写。耿国华教授、周明全教授、汤慧老师在本著作编写过程中提出了很多宝贵意见，黄鹤、王嘉鑫、马玉、温静、胡文祥、李映萱、李慧洁、肖娜娜等学生参加了书稿校对和算法实验等工作，在此一并向他们表示感谢！

由于作者水平有限，书中疏漏之处在所难免，敬请广大读者批评指正，以期得以改进与提高。

西安财经大学

赵夫群，郭晔

2023 年 6 月

目　录

第一部分

第二部分

第五部分

第六部分

第七部分

第一部分

第 **1** 章

点云数据处理概述

1.1 引言

目前，激光扫描技术已经在医学研究、文物数字化保护、游戏软件开发及工程应用等领域[1-5]得到了日益广泛的应用，通过激光扫描技术对点云数据处理系统的研究也有了长足发展。采用激光扫描技术获取的数据是大量的离散化三维数据信息，这些以坐标来记录的数据就称为点云数据。

激光脚点的精度与密度不断提高，获取的点云数据量也大幅增长，常见的点云数据多在数十亿点，且散乱无序。传统算法已无法快速有效对大规模点云数据进行处理，因此对海量点云数据的高效处理和利用成为三维激光扫描技术发展的研究重点。海量点云数据具有大数据特征，具体体现在以下几个方面[6-7]：

（1）数据量巨大，三维激光扫描产生的点云数据高度密集，通常达到数十吉比，甚至太比。

（2）数据种类丰富，点云数据不仅包括激光脚点的三维坐标，还包括回光强度、回波次数信息及影像信息等。

（3）数据离散不规律，点云数据是离散分布的空间数据，而且系统扫描时也有一定的随意性。

（4）数据增长迅速，随着激光扫描技术的发展，获取点云数据的能力日益增强，获取速度也越来越快。

（5）数据价值有待挖掘，相对于激光雷达获取的点云数据量，它的价值并未得到充分挖掘。

因此，对于海量的点云数据，需要对其进行数据处理，数据处理方法主要包括点云去噪、点云简化、点云配准、点云融合、点云分割、点云数据模型检索、点云补洞等。其中，点云去噪、点云简化、点云配准、点云分割、点云数据模型检索是本书的主要研究内容。

1.2　三维点云数据

1.2.1　点云数据的获取

点云表示实际物体三维信息的统计无序数集，是与被测物体相关的大量散状点集合。点云能够显示被测物的表面特点信息及从各个方位扫描的空间特性信息，包含被扫描对象表面上所有点的物理数据，如颜色特性、坐标特性、集合规模大小、透明度等，如图 1.1 所示为建筑物的点云数据模型。

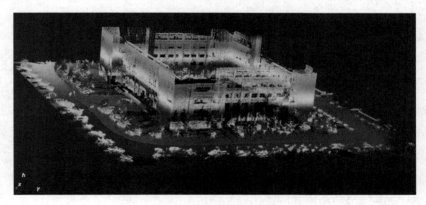

图 1.1　建筑物的点云数据模型

目前，常见的点云数据获取方法为无损测量，它又分为接触式和非接触式两种测量方法，使用的相关仪器如图 1.2 所示。

（a）接触式测量仪 （b）非接触式测量仪

图 1.2 无损测量仪器

1. 接触式测量

接触式测量主要使用三维坐标测量机对实物进行数据测量，仪器通过传感器与空间运动轴线相结合，获取实物离散空间的位置，从而得到三维点云数据模型。但该测量方式需要保证三维坐标测量机探头与被测实物直接接触，这会使三维坐标测量机的探头因摩擦而对实物及相关物理设备造成一定程度的磨损，进而影响测量结果的准确性，降低测量精度，还可能对被测物体造成一定程度的破坏，特别是对出土文物。

2. 非接触式测量

非接触式测量利用光线、声音、电磁等原理，间接获取实物的点云数据模型，进而计算出对应的坐标点。其中，应用最为广泛的非接触式测量仪是激光测量仪，它以激光器作为光源测量距离，结合图像分析法获取点云的空间坐标信息。非接触式测量仪无须与实物接触，因此不会对被测物体和仪器造成磨损，更不会对测量精度有明显影响。

1.2.2 点云数据的类型

根据点云的分布方式，点云数据主要分为 4 种类型，即散乱点云、线扫描点云、阵列式点云和多边形点云，如图 1.3 所示。

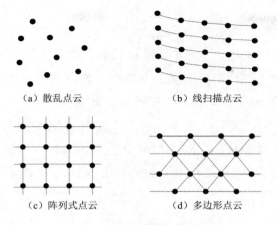

图 1.3　点云数据的类型

（1）散乱点云。点云数据排列无任何规律可循，呈一种无特征且杂乱无章的分布状态，各点云之间的拓扑关系完全未知，如图 1.3（a）所示。

（2）线扫描点云。点云数据之间由一组扫描线组成，呈线性关系排列，部分点云之间的拓扑关系已知，如图 1.3（b）所示。

（3）阵列式点云。各点云之间按照阵列排列，每个点与均匀网格相对应，可以计算出点云的总数量，各点云之间的拓扑关系已知，如图 1.3（c）所示。

（4）多边形点云。点云数据呈网状或面状排列，呈多边形关系分布，是一种有序的点云，部分点云之间的拓扑关系已知，如图 1.3（d）所示。

1.2.3　点云数据的存储格式

点云数据主要有 4 种存储格式，包括 PLY 格式、STL 格式、OBJ 格式和 OFF 格式。虽然它们存储点云数据的方式不同，但每种存储格式都有其自身的应用领域。

1. PLY 格式

PLY 文件用于存储图形格式的文件，多用于存储三角形和多边形的物体。PLY 文件有两种存储形态：一种以 ASCII 形式存储，另一种以二进制形式存储。如果 PLY 文件存储的是 n 边形，则这个图形有 n 种属性，PLY 文件可以保存图像信息，如坐标信息、颜色深度、区域大小。

2. STL 格式

STL 格式是用来描述三角形网格结构的文档格式。由于 STL 格式有自身的标准文件型病毒，所以不能保存颜色、算法向量等类型的信息内容。STL 文件有两种标准文件格式：一种以 ASCALL 形式存储，另一种以二进制形式存储。STL 文件的主要作用是存储扫描物体的几何信息，它不能保存颜色、深度及特征值。在几何应用学中，STL 文件的应用比较广泛，如 3D 打印机的内部存储结构采用的是 STL 文件，3D 建模时也会用到 STL 文件。

3. OBJ 格式

OBJ 文件可以用 3D 打印机扫描，但是这种格式存在一定局限性，它必须在 3D 建模和动画制作中使用。

4. OFF 格式

OFF 文件用来显示图像的几何信息，其点云文件具备两个特点：一是通过激光扫描识别到的图像不可直接处理，因为点云是一群散乱的点，识别出的只有三维的位置信息，这些点没有任何顺序，所以处理点云数据时应首先解决点云数据的无序性；二是每个数据集间相互影响，每个点云数据都是有关联的，在三维空间中可以通过距离来衡量点云数据之间的关系。

4 种格式的文件都可以用编辑软件打开、编辑和修改，而且 STL 文件、OFF 文件和 OBJ 文件之间可以进行数据转换。区别在于 STL 文件和 OFF 文件必须要有头文件，用于显示点云数据的处理信息，如时间、文件格式和大小等，而 OBJ 文件则不存在头文件。

1.2.4　点云数据的特征

相对于二维图像，点云数据规避了图像采集过程中遇到的姿态、光照等问题，且可视化后的三维点云数据不仅可以很好地表达物体的形状特征，还可以在不同视角下通过旋转、缩放等操作了解物体的三维结构信息，包含丰富空间信息的点云数据具有不可替代的优势。点云数据主要具有如下特征：

（1）数据量比较大。大多数情形下，扫描装置都可以在目标物质表面收集到几万至几百万个数据点。

（2）数据密度比较高。通常扫描获取的点云数据的密度都比较高，扫描传感器的扫描角度会影响采集数据的稀疏程度。

（3）点云数据包括待检测物体在三维空间中的坐标信息，还包括颜色、灰度及点的强度。

（4）点云数据中含有噪声点和孔洞。受外界环境影响，识别目标物体时会因为光照、物体遮挡、拍摄角度和人为因素等产生干扰，而导致被测物体识别变形，这就是噪声点和孔洞。

（5）点云数据分布散乱。激光雷达通过扫描带进行扫描，每个扫描带扫描出的数据都是均匀分布的，但是受光照影响，容易造成光照强的地方扫描密度聚集，光照暗的地方扫描精度降低。

（6）点云数据的距离检测性。在用激光扫描识别的物体的点云数据时，会获得物体的三维坐标值、距离、角度和深度等信息。

1.3　点云数据处理算法

1.3.1　点云去噪算法

三维激光扫描技术是获取物体空间点云数据信息的重要手段之一，并在多个领域发挥着重要的作用[8-11]。但是，三维激光扫描设备获取的初始点云数据模型中含有较多噪声点，不利于后期的点云处理，因此需要将其剔除。

近年来，国内外学者对点云去噪算法进行了较为深入的研究。例如，N. Polat 等[12]提出了一种 LiDAR 数据去噪算法，该算法可以根据地区地形特征的变化而变化，可以有效滤除非地面点，是一种有效的点云去噪算法；徐少平等[13]提出了一种基于卷积神经网络的去噪算法，该算法首先通过训练卷积神经网络模型构成 NLAF 特征向量，然后利用增强的 BP 神经网络预测模型将 NLAF 特征向量映射为噪声水平值，最后以估计值的中值作为噪声水平值的最终估计结果，该去噪算法具有较高的准确率和执行效率；Z. Xu 等[14]提出了一种基于局部坐标系下多个各向异性估计的点云去噪算法，该估计对点云表面的形状保持具有自适应性，既可保持点云尖锐的特征点，也可保留点云中的光滑区域；赵凯等[15]提出了一种基于栅格划分的点云离群噪声点去除算法，通过对点云进行体素栅格划分，降低了点在邻域中的搜索范围，有效分离了目标点云和离群点，加快了点云处理的效率。

以上述基于栅格划分的点云离群噪声点去除算法为例，对 Person 点云数据模型进行去噪，如图 1.4 所示。

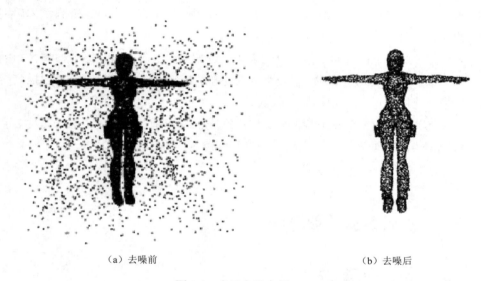

（a）去噪前　　　　　　　　　　　　　　　（b）去噪后

图 1.4　点云去噪实例

1.3.2　点云简化算法

采用三维激光扫描仪获取的高精度点云数据中存在大量冗余数据点，数据点较为密集，不仅增加了计算开销，而且对其存储、传输和计算均不利，还会影响后续点云数据处理的结果，因此有必要对其进行简化处理。目前，点云简化已经被广泛应用于工程检测、数字医疗、农业应用、文物古迹勘测与保护等领域[16-20]。

点云简化的基本原则为：对于点云数据模型中曲率较大的地方，要尽量保留较多的数据点，而对于点云数据模型中曲率较小的地方，可以保留较少的数据点。点云简化的方法主要分为 4 类：一是根据点云简化密度和曲面变分进行简化，二是根据点云中点的数目和点云表面变化系数对点云进行分块简化，三是根据点云中点的曲率大小进行简化，四是采用聚类算法完成点云数据简化。所有简化方法的目的都是在精简数据的同时，有效保持点云的尖锐特征。

　　为了在保持点云原有几何特征的基础上降低点云的数据量，国内外学者对点云简化算法进行了大量的实验研究。早在 1996 年，D. J. Weir 等[21]就提出包围盒算法，该算法通过将整个点云建成一个完整的长方体盒，再对长方体盒进行划分来实现点云简化，该算法适用于分布均匀的点云数据，其缺点是容易造成细节特征的丢失；1997 年，R. R. Martinr 等[22]提出了均匀网格算法，该算法将空间使用均匀网格进行划分，只保留网格中间的中心点，但是简化后的模型依然不能突出其细节几何特征；林松等[23]提出了一种基于最优邻域局部熵的点云简化算法，该算法通过构造局部邻域信息的熵函数剔除平坦区域数据点，可以较好地保留细节，其缺点是容易出现孔洞现象，从而影响后期三维模型的重建；李金涛等[24]提出了一种基于曲率等级划分的简化算法，该算法对于归一化后的曲率采用对数函数进行分级，在网格化不同等级的点之后，根据点的曲率等级实现点云的分层简化，但是该算法对噪声含量较高的点云的简化效果不佳；李大军等[25]提出了一种基于结构信息约束的网格简化算法，该算法可以健壮地保持最佳三角面的形状和拓扑结构，改善三维模型的重建效果；M. L. Li 等[26]提出了一种过滤和简化三维建筑网格模型的算法，该算法通过边折叠操作实现网格简化，能够保留分段平面结构和尖锐特征；Y. Q. Liang 等[27]提出了一种结合边分裂和边折叠操作的网格简化算法，在几何特征保持、三角形质量等方面具有较为明显的优势；N. Chen 等[28]提出了一种多特征融合点云简化算法，该算法融合曲率、局部投影距离、法向量和局部颜色差异等多种点云特征，可以准确地区分尖锐和光滑的边缘，在最终的 3D 重建中保留点云的更多边缘细节；C. L. Lv 等[29]提出了一种基于近似本征体素结构（Approximate Intrinsic Voxel Structure，AIVS）的点云简化算法，可以实现点距内在控制的柔性简化。

　　以一种保留几何特征的点云简化算法[30]为例，对文物点云数据模型进行简化，如图 1.5 所示。

 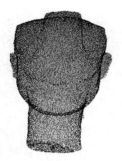

（a）简化前　　　　　　　　　　　　　　（b）简化后

图 1.5　点云简化实例

1.3.3　点云配准算法

随着三维激光扫描技术的日趋成熟，得到精确的三维模型坐标已经非常容易，而如何给予点云数据一个好的配准算法则逐渐成为三维激光建模的关键。为了得到被测物体的完整点云数据模型，需要将从各个视角扫描得到的点云合并到一个统一的坐标系下，从而获得整个物体的完整点云数据模型，这就是点云配准。目前，点云配准已经在医学研究、文物虚拟复原、工程建设等领域[31-33]得到日益广泛的应用。

根据是否使用点云的特征，点云配准算法可以分为两大类，即基于特征的配准算法和无特征的配准算法。通常，基于特征的配准算法需要检测点云的特征点、特征区域或特征线等，通过特征的配准实现点云配准。例如，S. Chen 等[34]针对低覆盖率点云，采用线特征建立点云间的结构对应关系，提高了配准算法的健壮性；李思远等[35]提出了一种沿竖直方向和水平方向分阶段变换的点云配准算法，通过分别在 x 轴和 y 轴上遍历距质心的距离寻找特征点完成配准，解决了传统点云配准算法效率低、误差大的问题；Y. H. Zhang 等[36]提出了一种基于轮廓特征约束的点云配准算法，解决了飞机蒙皮配准时的错位和局部最小值问题；C. X. Li 等[37]提出了一种基于局部特征的点云配准算法，使用 k 最近邻域拓扑对点云局部特征进行编码，并将其与全局特征相结合，实现点云配准，有效提高了配准精度和健壮性。

无特征的点云配准算法不需要提取特征，直接利用全局点进行配准即可。例如，M. Magnusson 等[38]提出了一种基于统计学的点云配准算法，利用正态分布变换（Normal Distribution Transform，NDT）实现点云配准算法，可以有效提高点云配准的精度；杨宜林等[39]提出了一种基于 NDT 与特征点检测的点云配准算法，该算法采用 NDT 确定点云初始位姿，再通过 3D-Harris 角点检测提取特征点，最后利用 ICP 算法实现点云配准，提高了配准的效率和精度；袁志聪等[40]提出一种改进的 DNT 算法，可以有效提高算法的收敛速度；D. Z. Liu 等[41]提出了一种基于深度学习的健壮点云配准方法，使用基于主成分分析（Principal Components Analysis，PCA）的调整网络快速调整两片点云之间的位置，可以避免算法陷入局部最优解，增强配准的健壮性；F. Simone 等[42]提出了一种概率点云配准算法，其性能优于先进的局部点云配准算法，可以有效降低计算时间；迭代最近点（Iterative Closest Point，ICP）算法[43]也是一种非常经典的无特征点云配准算法，它具有配准精度高、速度快等优点，但当待配准点云不存在包含关系、初始位姿差异大或噪声含量高时，其性能较差；后来，国内外学者又提出了 GP-ICP（Ground Plane Iterative Closest Point）、CAICP（Correntropy-based Affine Iterative Closest Point）、MICP（Multi-source Iterative Closest Point）及 VICP（Variant Iterative Closest Point）等许多改进的 ICP 算法[44-47]，在一定程度上弥补了 ICP 算法的缺点，提高了算法的配准精度、健壮性和抗噪性等。

以基于几何属性和改进 ICP 的点云配准算法[48]为例，对公共点云 Bunny 数据进行配准。配准过程主要包括计算点的法向量和曲率特征、检测配准点对、相似性度量、剔除错配点对及 K-D 树（K-Dementional Tree）配准等步骤，配准前后如图 1.6 所示。

（a）配准前　　　　　　　　　　　　　　　　（b）配准后

图 1.6　点云配准实例

1.3.4　点云分割算法

点云分割是通过一系列算法，将三维空间中散乱的点云数据划分为更加连贯的子集的过程。分割后的点云数据按照点云属性被划分为同一组别，从而方便进行下一步数据处理。对三维点云数据模型的合理分割是后续数据分析的基础，便于后续的特征提取、目标识别、三维重建和虚拟现实等操作。目前，点云分割已经在逆向工程、文物虚拟复原、医学研究等领域得到了日益广泛的应用[49-52]。

对于点云分割的研究，国内外学者提出了很多相关算法。例如，代璐等[53]提出了一种点云分割神经网络（Non-Equivalent Point Network，NEPN），可以有效解决点云分割中的非等效性，提高分割精度；张坤等[54]利用点云形状的相关特征参数实现了基于形状分割的点云分割算法，该算法提高了点云分割的精度和速度，并且具有较强的稳健性；李仁忠等[55]针对点云分割准确率低的问题，提出了一种基于骨架点和外部特征点的点云分割算法，可以实现点云表面小范围内凸面体的有效分割，提高了分割精度；傅欢等[56]提出了基于八叉树和局部凸性的分割算法，该算法有效减少了分割的曲面数量，同时提升了曲面质量；周炳南等[57]基于点云库，通过对比欧氏距离点云分割算法、区域生长点云分割算法及 SegmenterLight 分割算法的优缺点，对算法的优化提出了相应的改进策略；钱建国等[58]提出了一种面向室内粘连点云数据的分割分类算法，利用深度学习网络和聚类算法实现了点云准确分割，具有较高的精度和数据完整性；R. Schnabel 等[59]使用 RANSAC 算法实现了点云分割，对于异常点云和噪声点云具有较高的健壮性，但必须提前指定合适的误差阈值和迭代次数；M. Biosca 等[60]提出了一种基于模糊聚类的点云分割算法，该算法准确率较高，但耗时较长；Z. Wu 等[61]提出了一种基于标签传播的交互式形状分割方法，可以实现点云数据模型的快速精分割，但该算法对噪声数据不敏感。

以基于改进区域生长算法的点云快速分割算法[62]为例，实现基于语义特征标准的分割，点云分割结果如图 1.7 所示。

（a）模型 1　　　　　　　　　　　　　　　（b）模型 2

图 1.7　点云分割实例

1.3.5　点云数据模型检索算法

点云数据模型检索是点云处理的一个重要研究内容，是指从大量点云数据模型中检索出与某一特定模型相似的所有模型的过程。目前，点云数据模型检索已经在数字图像处理、文物虚拟复原及计算机辅助设计等领域[63-66]得到了较为广泛的应用。

根据提取对象的差异，通常可以将点云数据模型检索方法分为两种类型，即基于文本的检索方法和基于内容的检索方法。基于文本的检索方法需要人为地给模型添加相应的关键字，具有较强的主观性；而基于内容的检索方法则是通过提取三维模型的显著几何特征进行检索，可以有效减少人工干预，是目前使用较多的模型检索算法。

国内外学者提出了很多基于内容的三维模型检索算法。例如，K. S. Zou 等[67]提出了一种基于联合形状分布的三维模型检索算法，通过主面分析和群融合提高了模型检索的精度；A. A. Liu 等[68]提出了一种多模态视图的三维模型检索算法，通过构造多模态特征空间中图的超边实现模型检索；S. Zhao 等[69]提出了一种基于多模态图学习的三维模型检索算法，通过度量模型多个视图间的相似性实现检索；A. Maligo 等[70]提出了一种基于非监督特征学习的三维模型检索算法，有效提高了模型检索的效率；S. M. Yoon[71]提出了一种基于梯度描述子优化的支持三维物体检索的有效算法，该算法以稀疏编码为基础，通过实验验证了该算法的有效性。

以兵马俑碎片的点云数据模型为例，按照碎片的身体部位进行检索，可以得到上肢、躯干、裙摆、头部和下肢五大类别，如图 1.8 所示。

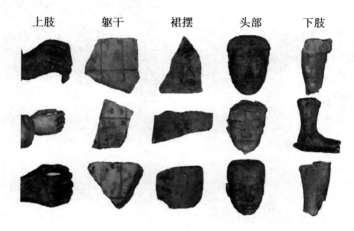

图 1.8　兵马俑碎片检索结果

1.4　点云数据处理技术的应用领域

目前，点云数据处理技术的应用已涉及农业、医学、电力等诸多领域，部分领域的应用情况如下：

（1）三维建模。通过三维激光雷达技术制作的三维模型精度高、适用范围广、外业工作量少、省时省力。在建筑方面，点云数据处理技术在房屋轮廓提取、特征点检测和三维重建等工作上发挥了重要作用，且结合倾斜摄影技术，地物提取更加便捷，数据可视化程度更高。

（2）农林普查。机载激光点云可以用于普查林木的特征，如树木的平均高度、树冠密度、生物量、林木储量和植被覆盖度等。如果搭配高光谱成像仪，可以确定更多信息，如植被分类、植被储量、土壤变化等。而且，衍生数据可用于监测森林生长，以及风暴或火灾造成的损害等。

（3）地质灾害监测。通过地形三维模型的建立，可以大面积监测地形的变化，并根据地形的变化方向和变化量做出风险评估，为预防地质灾害的发生提供依据。例如，对滑坡体地表的监测，特别是在陡坡下的道路、铁轨及削坡建房等容易发生滑坡的地区，能够为滑坡体成因和发育趋势推断提供重要依据。

（4）电力巡检。将线路铁塔、导地线、线路通道和周边环境的影像数据通过空间三维解算形成三维点云数据，从而更加直观地观察线路通道走廊内目标物的空间位置和轮廓，确定导地线与地面、建筑、植被等目标物之间的距离。在无人机激光点云数据模型中获取高精度的数据信息，结合影像文件可对其进行三维动态模拟和分析，实现对输电线路巡检范围的全覆盖，包括属性状态、位置结构等，使巡检结果实现数字化、可追溯化和可分析化。

（5）自动驾驶。自动驾驶车辆主要依靠激光雷达来对车外环境做出感应，使自动驾驶车辆能在道路上安全行驶。激光雷达生成的三维点云经过标注可以用于自动驾驶系统训练，通过三维点云语义分割将道路环境的点云数据进行分割，可以识别出自动驾驶车辆行驶时车辆周围的行人、道路、汽车等物体，使自动驾驶汽车可以在道路上安全行驶。

（6）文物修复。利用点云数据采集、点云简化、点云分割、点云配准等技术可以实现对文物碎片的数字化复原，为实体复原和虚拟展示提供技术支持，是当前文物领域的一个重要研究方向。虚拟修复可以改变传统仅能实体修复的工作模式，建立虚实结合的新方法。"以虚拟复原为主，以实体复原为辅"的修复方式符合数字化考古的大趋势，既可展现破损文物的复原全貌，也可以看到其前世今生，为实体考古复原提供示范与指导，超越传统实体在时间和空间上的局限性，彰显珍贵文物文化传承的社会价值。

1.5　本章小结

随着三维测量技术的不断发展，人们可以快速获取实体模型表面的三维点云数据，海量点云数据的处理已成为逆向工程中非常重要的研究环节，如何在有限的计算机资源上存储、传输和重构点云数据引起了许多专家学者的重视。本章首先介绍点云的基本概念、分类和特点；然后针对点云数据处理中的关键技术环节（点云去噪、点云简化、点云配准、点云分割、点云数据模型检索）的研究现状进行介绍，为后续章节相关算法的提出奠定了研究基础；最后，介绍点云的几个典型应用领域，主要包括三维建模、农林普查、地质灾害监测、电力巡检、自动驾驶和文物修复等。

本章参考文献

[1] 刘鸣，舒勤，杨赟秀，等. 基于独立成分分析的三维点云配准算法[J]. 激光与光电子学进展，2019，56（1）：181-189.

[2] PERSAD R A, ARMENAKIS C. Automatic co-registration of 3D multi-sensor point clouds[J]. ISPRS Journal of Photogrammetry and Remote Sensing, 2017, 130: 162-186.

[3] ZHANG Z, XU H L, YIN H. A fast point cloud registration algorithm based on key point selection[J]. Laser & Optoelectronics Progress, 2017, 54(12): 121002.

[4] QUAN S W, MA J, HU F Y, et al. Local voxelized structure for 3D binary feature representation and robust registration of point clouds from low-cost sensors[J]. Information Sciences, 2018, 444: 153-171.

[5] CHANKI Y, DA J. A maximum feasible subsystem for globally optimal 3D point cloud registration[J]. Sensors, 2018, 18(2): 544-553.

[6] 宇超群，门葆红，王鑫. 海量点云数据分布式并行处理技术综述[J]. 信息工程大学学报，2018，19（5）：612-615.

[7] 达飞鹏. 点云数据处理与三维重构研究[D]. 南京：东南大学，2015.

[8] 赵传，张保明，余东行，等. 利用迁移学习的机载激光雷达点云分类[J]. 光学精密工程，2019，27（07）：1601-1612.

[9] MUELLER C A, BIRK A. Visual object categorization based on hierarchical shape motifs learned from noisy point cloud decompositions[J]. Journal of Intelligent and Robotic Systems, 2019, 1: 1-26.

[10] 杨稳，周明全，耿国华，等. 层次优化的颅骨点云配准[J]. 光学精密工程，2019，27（12）：2730-2739.

[11] 王雅男，王挺峰，田玉珍，等. 基于改进的局部表面凸性算法三维点云分割[J]. 中国光学，2017，10（3）：348-354.

[12]　POLAT N, UYSAL M. Investigating performance of airborne LiDAR data filtering algorithms for DTM generation[J]. Measurement, 2015, 63: 61-68.

[13]　徐少平，林珍玉，李崇禧，等. 采用训练策略实现的快速噪声水平估计[J]. 中国图象图形学报，2019，24（11）：1882-1892.

[14]　XU Z, FOI A. Anisotropic denoising of 3D point clouds by aggregation of multiple surface-adaptive estimates[J]. IEEE transactions on visualization and computer graphics, 2019, 99(12): 1-10.

[15]　赵凯，徐友春，李永乐，等. 基于 VG-DBSCAN 算法的大场景散乱点云去噪[J]. 光学学报，2018，38（10）：370-375.

[16]　ESMEIDE L, GERMAN S T, JOHN B B W, et al. A saliency-based sparse representation method for point cloud simplification[J]. Sensors, 2021, 21(13): 4279-4289.

[17]　陈鑫龙，马荣贵，梁红涛，等. 基于法向量距离的路面坑槽提取方法[J]. 计算机系统应用，2022，31（5）：222- 229.

[18]　WANG G L, WU L S, HU Y, et al. Point cloud simplification algorithm based on the feature of adaptive curvature entropy[J]. Measurement Science and Technology, 2021, 32(6): 12-19.

[19]　ZHANG K, QIAO S Q, WANG X H, et al. Feature-preserved point cloud simplification based on natural quadric shape models[J]. Applied Sciences, 2019, 9(10): 2130-2137.

[20]　HEGDE S, GANGISETTY S. Inception based deep learning architecture for 3D point cloud segmentation[J]. Computers & Graphics, 2021, 95: 13-22.

[21]　WEIR D J, MILROY M J, BEADL E C, et al. Reverse engineering physical models employing wrap-around B-Spline surlaces and quadrics[J]. Proceedings of the institution of mechanical engineers, 1996, 21(22): 147-157.

[22]　MARTINR R R, STROUD I A, AMARSHALL A D. A data reduction for reverse engineering[J]. Proceedings of the 7th confcrence on information gcometers, 1997, 15(5): 85- 100.

[23]　林松，田林亚，毕继鑫，等. 基于最优邻域局部熵的点云精简算法[J]. 测绘工程，2021，30（5）：12-17.

[24] 李金涛，程效军，杨泽鑫，等. 基于曲率分级的点云数据精简方法[J]. 激光与光电子学进展，2019，56（14）：248-255.

[25] 李大军，苟国华，吴天辰，等. 结构信息约束的三角网格模型简化方法[J]. 测绘科学，2021，46（8）：88-95.

[26] LI M L, NAN L L L. Feature-preserving 3D mesh simplification for urban buildings[J]. ISPRS Journal of Photogrammetry and Remote Sensing, 2021, 173: 135-150.

[27] LIANG Y Q, HE F Z, ZENG X T. 3D mesh simplification with feature preservation based on ahale pptimization algorithm and differential evolution[J]. Integrated Computer-Aided Engineering, 2020, 27(4): 417-435.

[28] CHEN N, LU X J. A novel point cloud simplification method with integration of multiple-feature fusion and density uniformity[J]. Measurement Science and Technology, 2021, 32(12): 99-109.

[29] LV C L, LIN W S, ZHAO B Q. Approximate Intrinsic Voxel Structure for Point Cloud Simplification[J]. IEEE transactions on image processing: a publication of the IEEE Signal Processing Society, 2021, 30: 7241-7255.

[30] 张雨禾，耿国华，魏潇然，等. 保留几何特征的散乱点云简化算法[J]. 计算机辅助设计与图形学学报，2016，28（9）：1420-1427.

[31] LI J W, ZHANG J W, ZHOU T, et al. Point cloud registration and localization based on voxel plane features[J]. ISPRS Journal of Photogrammetry and Remote Sensing, 2022, 188: 363-379.

[32] CHANKI Y, DA J. A maximum feasible subsystem for globally optimal 3D point cloud registration[J]. Sensors, 2018, 18(2): 544-553.

[33] VINCENT G, DEREK B, ARNAUD G, et al. A constrained singular value decomposition method that integrates sparsity and orthogonality[J]. PloS one, 2019, 14(3):32-45.

[34] CHEN S, NAN L, XIA R, et al. PLADE: A plane-based descriptor for point cloud registration with small overlap[J]. IEEE Transactions on Geoscience and Remote Sensing, 2019, 58(4): 2530-2540.

[35] 李思远，刘瑾，杨海马，等. 分两阶段变换坐标的点云粗配准算法[J]. 激

光与光电子学进展，2022，59（16）：127-134.

[36]　ZHANG Y H, CUI H H, ZHAI P, et al. An aircraft skin registration method based on contour feature constraints[J]. Journal of Optics, 2021, 41(3): 0312001.

[37]　LI C X, YANG S H, SHI L, et al. PTRNet: Global feature and local feature encoding for point cloud registration[J]. Applied Sciences, 2022, 12(3): 1741-1750.

[38]　MAGNUSSON M, LIENTHAL A, DUCHETT T. Scan registration for autonomous mining vehicles using 3D-NDT[J]. Journal of Field Robotics, 2007, 24(10): 803-827.

[39]　杨宜林，李积英，王燕，等. 基于 NDT 和特征点检测的点云配准算法研究[J]. 激光与光电子学进展，2022，59（8）：198-204.

[40]　袁志聪，鲁铁定，刘瑞. 一种基于 BFGS 修正的正态分布变换点云配准方法[J]. 测绘通报，2020（10）：38-42.

[41]　LIU D Z, ZHANG Y, LUO L, et al. PDC-Net: Robust point cloud registration using deep cyclic neural network combined with PCA[J]. Applied optics, 2021, 60(11): 2990-2997.

[42]　SIMONE F, GIORGIO S D. A termination criterion for probabilistic point clouds registration[J]. Signals, 2021, 2(2): 159-173.

[43]　BESL P J, MCKAY N D. A method for registration of 3-Dshapes[J]. IEEE Transactions on Pattern Analysis and Machine Intelligence, 1992, 14(2): 239-256.

[44]　KIM H, SONG S, MYUNG H. GP-ICP: Ground plane ICP for mobile robots[J]. IEEE Access, 2019, 7: 76599-76610.

[45]　CHEN H, ZHANG X, DU S, et al. A correntropy-based affine iterative closest point algorithm for robust point set registration[J]. IEEE Journal of Automatica Sinica, 2019, 6(4): 981-991.

[46]　ZHENG L, LI Z. Virtual namesake point multi-source point cloud data fusion based on FPFH feature difference[J]. Sensors, 2021, 21(16): 5441-5455.

[47]　JUNIOR E M O, SANTOS D R, MIOLA G A R. A new variant of the ICP

algorithm for pairwise 3D point cloud registration[J]. American Academic Scientific Research Journal for Engineering, Technology, and Sciences, 2022, 85(1): 71-88.

[48] 赵夫群，贾一婷. 基于几何属性和改进 ICP 的点云配准方法[J]. 信息技术，2019，43（4）：33-38.

[49] 李梦吉，韩燮. 基于图卷积的计算机辅助设计模型分类[J]. 科学技术与工程，2020，20（13）：5235-5239.

[50] JIA Y, ZHE J. A review of deep learning-based semantic segmentation for point cloud[J]. IEEE Access, 2019, 12: 1-10.

[51] 司梦元，韩达光，郭杰明，等. 基于三维激光扫描点云的道路路面变形分析方法[J]. 科学技术与工程，2019，19（24）：386-391.

[52] 陈向阳，杨洋，向云飞. 欧氏聚类算法支持下的点云数据分割[J]. 测绘通报，2017，11：27-31，36.

[53] 代璐，汪俊亮，陈治宇，等. 基于卷积神经网络的非等效点云分割方法[J]. 东华大学学报（自然科学版），2019，45（6）：862-868.

[54] 张坤，乔世权，周万珍. 基于三维形状匹配的点云分割[J]. 激光与光电子学进展，2018，55（12）：263-274.

[55] 李仁忠，刘哲闻. 一种新的结合三维点云骨架点和特征点的分割方法[J]. 激光与光电子学进展，2019，11（9）：1-14.

[56] 傅欢，梁力，王飞，等. 采用局部凸性和八叉树的点云分割算法[J]. 西安交通大学学报，2012，46（10）：60-65.

[57] 周炳南，闵华松，康雅文. PCL 环境下的 3D 点云分割算法研究[J]. 微电子学与计算机，2018，35（6）：101-105.

[58] 钱建国，张宇琦，汤圣君，等. 最小割与深度学习联合优化的室内粘连点云分割方法[J]. 测绘通报，2022（9）：45-51.

[59] SCHNABEL R, WAHL R, KLEIN R. Efficient RANSAC for point cloud shape detection[J]. Computer Graphics Forum, 2007, 26(2): 214-226.

[60] BIOSCA M, LERMA L. Unsupervised robust planar segmentation of terrestrial laser scanner point clouds based on fuzzy clustering methods[J].

ISPRS Journal of Photogrammetry & Remote Sensing, 2008, 63(1): 84-98.

[61]　WU Z, SHOU R, WANG Y, et al. Interactive shape co-segmentation via label propagation [J]. Computers Graphics, 2014, 38: 248-254.

[62]　VO A V, LINH T H, LAEFER D F, et al. Octree-based region growing for point cloud segmentation[J]. ISPRS Journal of Photogrammetry and Remote Sensing, 2015, 104: 88-100.

[63]　KRIZHECSKY A, SUTSKENER I, HINTON G E, et al. ImageNet classification with deep convolutional neural networks[J]. Communications of the ACM, 2017, 60(6): 84-90.

[64]　吕科，施泽南，李一鹏. 微型无人机视觉定位与环境建模研究[J]. 电子科技大学学报，2017，46（3）：543-548.

[65]　赵薇，靳聪，涂中文，等. 基于多特征融合的 SVM 声学场景分类算法研究[J]. 北京理工大学学报（自然科学版），2020，40（1）：69-75.

[66]　赵清杰，王浩，刘浩，等. 基于相对编辑相似度的近似重复视频检索和定位[J]. 北京理工大学学报（自然科学版），2018，38（1）：85-90.

[67]　ZOU K S, II W H, CHEN A Q, et al. A novel 3D model retrieval approach using combined shape distribution[J]. Multimadia tools and application, 2014, 69(3): 799-818.

[68]　LIU A A, NIE W Z, GAO Y, et al. Multi-modal clique-graph matching for view-based 3D model retrieval [J]. IEEE Transaction on Image Processing, 2016, 25(5): 2103-2116.

[69]　ZHAO S, YAO H, ZHANG Y, et al. View-based 3D object retrieval via multi-modal graph learning [J]. Signal Processing, 2015, 112: 110-118.

[70]　MALIGO A, LACROIX S. Classification of outdoor 3D LiDAR data based on unsupervised gaussian mixture models[J]. IEEE Transactions on Automation Science and Engineering, 2017, 14(1): 5-16.

[71]　YOON S M, SCHRECK T, YOON G J. Sparse coding based feature optimisation for robust 3D object retrieval[J]. Sensors, 2017, 17(1): 72-85.

第二部分

第 2 章

特征保持的点云去噪算法

2.1 引言

受仪器测量误差、物体反射、遮挡、光照及环境变化等因素的影响，三维激光扫描获取的初始点云数据模型中往往含有大量噪声点。噪声点的数量越多，密度越大，对点云质量的影响就越大，因此需要采取合适的去噪算法将其加以删除。

为了在去噪的同时有效保持点云的几何特征信息，进一步提高点云去噪的精度和速度，本章提出了一种特征保持的点云去噪算法。首先计算点云中的点及其邻域点的张量投票矩阵，并计算该矩阵的特征值和特征向量；然后利用各向异性滤波方程对点云进行光顺处理，实现点云初始粗去噪；最后计算点云的曲率特征，根据曲率进一步删除点云中的噪声点，并通过计算点云的熵对算法进行定量评价。

2.2　基于张量投票的初始粗去噪

2.2.1　计算张量投票矩阵

对于点云 $\boldsymbol{P} = \{\boldsymbol{p}_i\}$，$i = 1,2,\cdots,N_P$，$N_P$ 表示点云 $\boldsymbol{P}$ 中点的数目。点云 $\boldsymbol{P}$ 上任意一点 $\boldsymbol{p}_i$ 都可以表示为一个 3×3 的对称半正定矩阵。假设 $\boldsymbol{N}_k(\boldsymbol{p}_i)$ 为点 $\boldsymbol{p}_i$ 的 k 个邻域点集，那么点 $\boldsymbol{p}_i$ 及其邻域点集 $\boldsymbol{N}_k(\boldsymbol{p}_i)$ 的张量投票矩阵 $\boldsymbol{T}$ 为[1]

$$\boldsymbol{T} = \sum_{j=1}^{k}\left[\left[\exp\left(-\frac{s_m^2}{\sigma^2}\right)\right]\left(\boldsymbol{I}_3 - \frac{\boldsymbol{v}_k\boldsymbol{v}_k{}^{\mathrm{T}}}{\|\boldsymbol{v}_k\boldsymbol{v}_k{}^{\mathrm{T}}\|}\right)\right] \tag{2.1}$$

式中，$\boldsymbol{I}_3$ 是一个 3×3 的单位矩阵；$\boldsymbol{v}_k$ 为采样点 $\boldsymbol{p}_i$ 与其邻域点 $\boldsymbol{p}_{ij}$ 连线的方向向量，$j = 1,2,\cdots,k$；$\sigma = \sum_{j=1}^{k}\dfrac{|\boldsymbol{p}_i - \boldsymbol{p}_j|}{k}$；$s_m = \|\boldsymbol{v}_m\|$。

在此通过建立张量投票矩阵 $\boldsymbol{T}$ 和点云中点的几何特征关系来实现点云初始粗去噪。假设 $\lambda_1,\lambda_2,\lambda_3$ 表示张量投票矩阵 $\boldsymbol{T}$ 的 3 个特征值，并且满足 $\lambda_1 \geqslant \lambda_2 \geqslant \lambda_3$，$\boldsymbol{e}_1,\boldsymbol{e}_2,\boldsymbol{e}_3$ 表示 3 个特征值 $\lambda_1,\lambda_2,\lambda_3$ 对应的特征向量。那么，由点的几何特征和张量投票矩阵特征值的分布关系可知：当 $\lambda_1 \geqslant \lambda_2 \approx \lambda_3 \approx 0$ 时，点 $\boldsymbol{p}_i$ 为点云中的点；当 $\lambda_1 \approx \lambda_2 \geqslant \lambda_3 \approx 0$ 时，点 $\boldsymbol{p}_i$ 为点云边界上的点；当 $\lambda_1 \approx \lambda_2 \approx \lambda_3 \geqslant 0$ 时，点 $\boldsymbol{p}_i$ 为点云上的角点或孤立点。

2.2.2　初始粗去噪算法的步骤

基于张量投票和点的几何特征关系，该点云初始粗去噪算法的基本步骤描述如下：

（1）对于噪声点云 $\boldsymbol{P} = \{\boldsymbol{p}_i\}$，首先利用 K-D 树算法搜索点 $\boldsymbol{p}_i$ 的 k 个最近邻域点集 $\boldsymbol{N}_k(\boldsymbol{p}_i)$。

（2）利用式（2.1）计算点 $\boldsymbol{p}_i$ 及其最近邻域点集 $\boldsymbol{N}_k(\boldsymbol{p}_i)$ 的张量投票矩阵 $\boldsymbol{T}$，并求解 $\boldsymbol{T}$ 的特征值 $\lambda_1,\lambda_2,\lambda_3$ 和特征向量 $\boldsymbol{e}_1,\boldsymbol{e}_2,\boldsymbol{e}_3$。

（3）根据 $\lambda_1,\lambda_2,\lambda_3$ 和 e_1,e_2,e_3 构造扩散张量矩阵 $\boldsymbol{D}$ ， $\boldsymbol{D}$ 定义为

$$\boldsymbol{D} = \begin{bmatrix} D_{11} & D_{12} & D_{13} \\ D_{21} & D_{22} & D_{23} \\ D_{31} & D_{32} & D_{33} \end{bmatrix} \tag{2.2}$$

式中， D_{ij} ， $1 \leqslant i,j \leqslant 3$ ，定义为

$$\begin{cases} D_{ij} = \mu_1 e_{1j}^2 + \mu_2 e_{2j}^2 + \mu_3 e_{3j}^2, & i = j \\ D_{ij} = \mu_1 e_{1j-1} e_{1j} + \mu_2 e_{2j-1} e_{2j} + \mu_3 e_{3j-1} e_{3j}, & i \neq j \end{cases} \tag{2.3}$$

式（2.3）中，参数 μ_1,μ_2,μ_3 定义为

$$\mu_1 = \alpha \tag{2.4}$$

$$\mu_2 = \begin{cases} \alpha, & \lambda_1 = \lambda_2 \\ \alpha + (1-\alpha) \exp\left[-\dfrac{1}{(\lambda_1 - \lambda_2)^2} \right], & \lambda_1 \neq \lambda_2 \end{cases} \tag{2.5}$$

$$\mu_3 = \begin{cases} \mu_2, & \lambda_2 = \lambda_3 \\ \mu_2 + (1-\mu_2) \exp\left[-\dfrac{1}{(\lambda_2 - \lambda_3)^2} \right], & \lambda_2 \neq \lambda_3 \end{cases} \tag{2.6}$$

（4）基于扩散张量 $\boldsymbol{D}$ ，利用各向异性扩散方程[2]对点云进行循环滤波去噪，直到滤波次数的值大于给定阈值时为止。各向异性滤波方程的定义式为

$$\begin{cases} \dfrac{\partial I}{\partial t} = \mathrm{div}\left[\boldsymbol{D}(\boldsymbol{J}_p) \nabla I \right] \\ I(x,y,z,0) = I_0(x,y,z) \end{cases} \tag{2.7}$$

式中， $\boldsymbol{J}_p$ 是点云的结构张量，表示点云的局部信息特征； $\boldsymbol{D}$ 是扩散张量，其特征值代表点云在 3 个主特征方向上的扩散速率； $I_0(x,y,z)$ 是初始输入的点云数据。

从基于张量投票的点云初始粗去噪算法可见，结构张量可以保留点云的局部信息特征，尤其是点云的尖锐几何特征，能有效剔除点云中的大尺度噪声（距离主体点云较远的噪声）和部分混杂在主体点云中的小尺度噪声，从而实现点云的初始粗去噪。接下来，采用基于曲率特征的去噪算法进一步去除混在主体点云中的其余噪声。

2.3　基于曲率特征的精去噪

在对点云进行进一步精去噪时，主要是去除点云主体中混杂的小尺度噪声，在此通过提取曲率几何特征来实现点云小尺度噪声的精去噪。点云的曲率能够较好地反映点云的表面特征，它可以通过在离散点集拓扑结构的基础上进行曲面拟合计算得到。这里通过搜索点云中各离散点的 k 邻域点来建立点云的拓扑结构，可以有效提高空间分布不均匀的海量离散点集的空间搜索效率。

2.3.1　计算曲率

假设经过对点云 $\boldsymbol{P}$ 进行初始粗去噪后，得到的点云数据模型为 $\boldsymbol{P}' = \{\boldsymbol{p}'_i\}$，$i = 1, 2, \cdots, N_{\boldsymbol{P}'}$。其中，$\boldsymbol{p}'_i$ 表示点云 $\boldsymbol{P}'$ 中的任意一点；$N_{\boldsymbol{P}'}$ 表示点云 $\boldsymbol{P}'$ 中点的数目；$N_k(\boldsymbol{p}'_i)$ 表示采用 K-D 树算法搜索的点云 $\boldsymbol{P}'$ 中的任意一点 $\boldsymbol{p}'_i$ 的 k 邻域点集。那么就可以计算 $\boldsymbol{p}'_i$ 曲率、法向量等几何信息。

本节采用移动最小二乘法[3-4]计算点 $\boldsymbol{p}'_i$ 的法向量。假设点 $\boldsymbol{p}'_i$ 处的切平面方程为 $ax + by + cz + d = 0$，$a^2 + b^2 + c^2 = 1$，那么点 $\boldsymbol{p}'_i$ 的法向量为 $\boldsymbol{n}_i = [a, b, c]^{\mathrm{T}}$。利用点 $\boldsymbol{p}'_i$ 到切平面的距离，构建 $\boldsymbol{p}'_i$ 的 k 邻域点集 $N_k(\boldsymbol{p}'_i)$ 的观测方程为

$$\boldsymbol{B}\boldsymbol{Y} = \boldsymbol{D} \tag{2.8}$$

式中，$\boldsymbol{B} = \begin{bmatrix} x_i & y_i & z_i & 1 \\ x_{i,1} & y_{i,1} & z_{i,1} & 1 \\ \vdots & \vdots & \vdots & \vdots \\ x_{i,k} & y_{i,k} & z_{i,k} & 1 \end{bmatrix}$，$\boldsymbol{Y} = \begin{bmatrix} a \\ b \\ c \\ d \end{bmatrix}$，$\boldsymbol{D} = \begin{bmatrix} d_{i,0} \\ d_{i,1} \\ \vdots \\ d_{i,k} \end{bmatrix}$。其中，$(x_i, y_i, z_i)$ 是点 $\boldsymbol{p}'_i$ 的坐标；$(x_{i,j}, y_{i,j}, z_{i,j})$ 是点 $\boldsymbol{p}'_i$ 的 k 个邻域点的坐标，$j = 1, 2, \cdots, k$；$d_{i,0}$ 是点 $\boldsymbol{p}'_i$ 到切平面的距离；$d_{i,1}, d_{i,2}, \cdots, d_{i,k}$ 表示点 $\boldsymbol{p}'_i$ 的 k 个邻域点各自到切平面的距离。

假设 $\boldsymbol{p}'_j$ 表示点 $\boldsymbol{p}'_i$ 的 k 邻域点集 $N_k(\boldsymbol{p}'_i)$ 中的任意一点，利用高斯函数计算点 $\boldsymbol{p}'_j$ 到切平面的距离为 $\| \boldsymbol{p}'_j - \boldsymbol{p}'_i \|$，则点 $\boldsymbol{p}'_j$ 的权值 $w_{i,j}$ 为

$$w_{i,j} = \exp \frac{-\parallel \boldsymbol{p}'_j - \boldsymbol{p}'_i \parallel}{h^2} \qquad (2.9)$$

式中，h 是距离常数。

建立如下约束准则，即

$$f = \min \sum_{j=1}^{k} d_{i,j}^2 \cdot w_{i,j} \qquad (2.10)$$

由式（2.10）约束准则可得

$$\boldsymbol{B}^{\mathrm{T}} \boldsymbol{Q} \boldsymbol{B} \boldsymbol{Y} = 0 \qquad (2.11)$$

式中，$\boldsymbol{Q} = \begin{bmatrix} q_{i,0} & & & \\ & q_{i,1} & & \\ & & \ddots & \\ & & & q_{i,k} \end{bmatrix}$。

由式（2.11）可求得 $\boldsymbol{Y}$，从而得到 a、b、c、d 的值。再根据点 $\boldsymbol{p}'_i$ 的法向量 $\boldsymbol{n}_i = [a,b,c]^{\mathrm{T}}$，可求得点 $\boldsymbol{p}'_i$ 的曲率 C_i 为

$$C_i = \frac{1}{k} \sum_{j=1}^{k} \parallel \boldsymbol{n}_i - \boldsymbol{n}_{N_k(j,\boldsymbol{p}'_i)} \parallel \qquad (2.12)$$

式中，$\boldsymbol{n}_{N_k(j,\boldsymbol{p}'_i)}$ 表示点 $\boldsymbol{p}'_i$ 的第 k 个邻域点的法向量。

2.3.2 精去噪算法的步骤

由于点云表面不同点的曲率各不相同，结合以上点云中点的曲率和法向量的计算方法，基于曲率特征的点云精去噪算法的步骤具体描述如下：

（1）对于点云 $\boldsymbol{P}'$，采用移动最小二乘法计算其上任意一点 $\boldsymbol{p}'_i$ 的法向量 $\boldsymbol{n}_i$。

（2）遍历点云中每个点 $\boldsymbol{p}'_i$，并根据点 $\boldsymbol{p}'_i$ 及其 k 个邻域点的法向量用式（2.12）计算曲率。

（3）判断每个点的曲率，若曲率大于给定阈值 ε，则判断该点为噪声点，需将该点删除。

通过上述步骤即可实现点云噪声的最终精删除。

为了描述去噪算法对点云特征的保持程度，这里采用信息熵理论[5]对点云去噪结果进行定量评价。信息熵理论可以描述去噪后点云的特征信息，点云中某点的熵越大，表明该点的信息量越大，细节表现越精确。定义某点的信息熵

H_i 为

$$H_i = -p_i \log_2 p_i - \sum_{j=1}^{k} p_j \log_2 p_j \qquad (2.13)$$

式中，$p_i = \dfrac{C_i}{C_i + \sum\limits_{j=1}^{k} C_j}$ 和 $p_j = \dfrac{C_j}{C_i + \sum\limits_{j=1}^{k} C_j}$ 分别表示点 $\boldsymbol{p}'_i$ 和点 $\boldsymbol{p}'_j$ 的曲率概率分布，

其中，C_i 表示点 $\boldsymbol{p}'_i$ 的曲率，C_j 表示点 $\boldsymbol{p}'_i$ 的邻域点 $\boldsymbol{p}'_j$ 的曲率。

由此可以计算点云 $\boldsymbol{P}'$ 的熵 H 为

$$H = \sum_{i=1}^{N_P} H_i \qquad (2.14)$$

通常，点云熵 H 越大，对应点所包含的特征信息量就越大，对点云的细节表现就越精确。

2.4　实验结果与分析

2.4.1　公共点云数据模型去噪

在公共点云数据模型去噪实验中，采用 Bunny 和 Dragon 点云数据模型，通过对模型进行加噪来验证本章介绍的去噪算法，加噪的公共点云数据模型如图 2.1 所示。

（a）加噪 Bunny　　　　　　　　　　（b）加噪 Dragon

图 2.1　待去噪公共点云数据模型

对于图 2.1 的公共点云数据模型，采用本章提出的特征保持的点云去噪算

法进行去噪，首先采用基于张量投票的去噪算法进行初始粗去噪，粗去噪结果如图 2.2 所示；然后采用基于曲率的去噪算法进行精去噪，最终去噪结果如图 2.3 所示。实验中，参数 k 的值取 16，具体取值跟点云类型和密度等有一定关系，密度越大，取值越小，通常建议取值 8～28。

（a）Bunny 去噪结果　　　　　　　　　　（b）Dragon 去噪结果

图 2.2　本章算法对公共点云数据模型的粗去噪结果

（a）Bunny 去噪结果　　　　　　　　　　（b）Dragon 去噪结果

图 2.3　本章算法对公共点云数据模型的精去噪结果

从图 2.2 和图 2.3 的去噪结果可见，基于张量投票的去噪算法可以有效剔除公共点云中的大尺度噪声和部分小尺度噪声，实现点云的初始粗去噪，而基于曲率的去噪算法可以对点云中的小尺度噪声进行精去噪。同时，本章算法可以较好地保留公共点云数据模型的原始几何特征，是一种有效的点云去噪算法。

为了进一步验证本章去噪算法的性能，对图 2.1 所示的公共点云数据模型再分别采用基于扩散滤波的去噪算法[6]、基于移动稳健主成分分析（Moving Robust Principal Components Analysis，MRPCA）的去噪算法[7]和自适应各向异性去噪算法[8]进行去噪，去噪结果如图 2.4～图 2.6 和表 2.1 所示。

（a）Bunny 去噪结果　　　　　　　　　（b）Dragon 去噪结果

图 2.4　基于扩散滤波的去噪算法对公共点云数据模型的去噪结果

（a）Bunny 去噪结果　　　　　　　　　（b）Dragon 去噪结果

图 2.5　基于 MRPCA 的去噪算法对公共点云数据模型的去噪结果

（a）Bunny 去噪结果　　　　　　　　　（b）Dragon 去噪结果

图 2.6　自适应各向异性去噪算法对公共点云数据模型的去噪结果

表 2.1　不同算法对公共点云数据模型的去噪结果

公共点云 数据模型	去噪算法	误差/mm	耗时/s	熵值/$\times 10^4$
Bunny	基于扩散滤波的去噪算法	0.0429	14.2	3.09
	基于 MRPCA 的去噪算法	0.0432	14.6	3.19

续表

公共点云 数据模型	去噪算法	误差/mm	耗时/s	熵值/×10⁴
Bunny	自适应各向异性去噪算法	0.0419	13.7	3.27
	本章算法	0.0408	10.9	3.38
Dragon	基于扩散滤波的去噪算法	0.0431	14.8	3.06
	基于 MRPCA 的去噪算法	0.0435	15.3	3.17
	自适应各向异性去噪算法	0.0422	14.2	3.16
	本章算法	0.0412	11.5	3.35

从图 2.3～图 2.6 的去噪结果可见,本章算法在对点云数据模型去噪的同时能够更好地保留原始细节特征,可见本章算法具有更高的可行性。从表 2.1 算法的运行参数可见,本章算法的误差最小、耗时最短,而且熵较基于扩散滤波的去噪算法、基于 MRPCA 的去噪算法和自适应各向异性去噪算法的都要大,因此本章算法是一种更加精确快速的点云数据模型去噪算法。

2.4.2 文物点云数据模型去噪

在文物点云数据模型去噪实验中,采用 5 个含噪声的陶质文物碎块的点云数据模型来验证本章算法,如图 2.7 所示。利用本章提出的特征保持的点云去噪算法,首先采用基于张量投票的去噪算法对文物碎块的点云数据模型进行初始粗去噪,粗去噪结果如图 2.8 所示;然后基于粗去噪的结果,采用基于曲率的去噪算法进行精去噪,最终去噪结果如图 2.9 所示。实验中,参数 k 的值取 16。

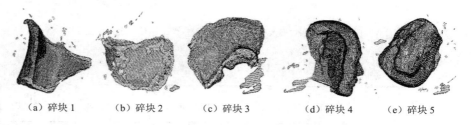

（a）碎块 1　　　（b）碎块 2　　　（c）碎块 3　　　（d）碎块 4　　　（e）碎块 5

图 2.7　待去噪的文物点云数据模型

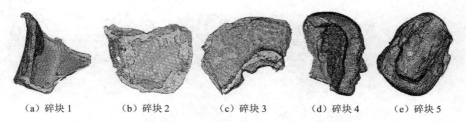

（a）碎块 1　　　（b）碎块 2　　　（c）碎块 3　　　（d）碎块 4　　　（e）碎块 5

图 2.8　本章算法对文物点云数据模型的初始粗去噪结果

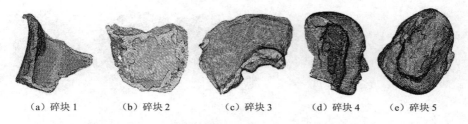

（a）碎块 1　　　（b）碎块 2　　　（c）碎块 3　　　（d）碎块 4　　　（e）碎块 5

图 2.9　本章算法对文物点云数据模型的精去噪结果

从图 2.8 和图 2.9 的去噪结果可见，基于张量投票的去噪算法可以有效剔除公共点云数据模型中的大尺度噪声和部分小尺度噪声，实现点云的初始粗去噪。而基于曲率的去噪算法可以对点云中的小尺度噪声进行精剔除。同时，本章去噪算法在对文物点云数据模型去噪的同时，能够较好地保留模型的原始几何特征信息，是一种有效的文物点云数据模型去噪算法。

为了进一步验证本章提出的点云去噪算法的性能，对图 2.7 所示的文物碎块点云数据模型再分别采用基于扩散滤波的去噪算法、基于 MRPCA 的去噪算法和自适应各向异性去噪算法分别进行去噪，去噪结果如图 2.10～图 2.12 和表 2.2 所示。

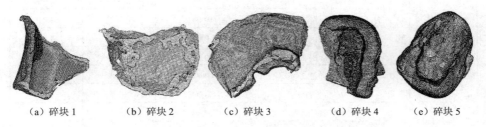

（a）碎块 1　　　（b）碎块 2　　　（c）碎块 3　　　（d）碎块 4　　　（e）碎块 5

图 2.10　基于扩散滤波的去噪算法对文物点云数据模型的去噪结果

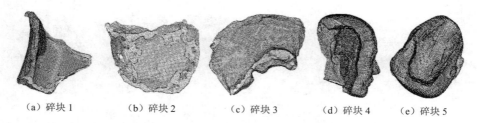

（a）碎块 1　　　（b）碎块 2　　　（c）碎块 3　　　（d）碎块 4　　　（e）碎块 5

图 2.11　基于 MRPCA 的去噪算法对文物点云数据模型的去噪结果

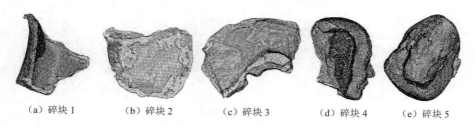

（a）碎块 1　　　（b）碎块 2　　　（c）碎块 3　　　（d）碎块 4　　　（e）碎块 5

图 2.12　自适应各向异性去噪算法对文物点云数据模型的去噪结果

表 2.2　不同算法对文物点云数据模型的去噪结果

文物点云数据模型	去噪算法	误差/mm	耗时/s	熵值/×10⁴
碎块 1	基于扩散滤波的去噪法	0.0432	15.3	3.07
	基于 MRPCA 的去噪算法	0.0435	15.5	3.16
	自适应各向异性去噪算法	0.0424	14.2	3.22
	本章算法	0.0415	12.1	3.35
碎块 2	基于扩散滤波的去噪法	0.0435	15.9	3.03
	基于 MRPCA 的去噪算法	0.0440	16.5	3.13
	自适应各向异性去噪算法	0.0426	14.9	3.19
	本章算法	0.0417	12.7	3.31
碎块 3	基于扩散滤波的去噪法	0.0438	16.1	3.01
	基于 MRPCA 的去噪算法	0.0442	16.8	3.10
	自适应各向异性去噪算法	0.0412	15.0	3.15
	本章算法	0.0421	12.9	3.29
碎块 4	基于扩散滤波的去噪法	0.0437	15.6	3.05
	基于 MRPCA 的去噪算法	0.0441	15.9	3.13
	自适应各向异性去噪算法	0.0431	14.7	3.18
	本章算法	0.0422	12.5	3.30

文物点云 数据模型	去噪算法	误差/mm	耗时/s	熵值/×10⁴
	基于扩散滤波的去噪算法	0.0443	15.7	3.14
	基于 MRPCA 的去噪算法	0.0434	14.6	3.20
碎块 5	自适应各向异性去噪算法	0.0425	12.2	3.33
	本章算法	0.0445	15.6	3.47

　　从图 2.9～图 2.12 的去噪结果可见，本章算法在对点云数据模型去噪的同时能够更好地保留原始细节特征，可见本章算法具有更高的可行性。从表 2.2 的算法运行参数同样可见，本章算法的去噪平均误差最低、耗时最短，而且熵较基于扩散滤波的去噪算法、基于 MRPCA 的去噪算法和自适应各向异性去噪算法的都要大，包含的特征信息量更大，对点云的细节表现更加精确。因此，本章算法是一种精度高、速度快，且能有效保持点云几何特征信息的有效点云数据模型去噪算法。

2.5　本章小结

　　点云去噪是点云预处理的一个重要环节，有效的点云去噪算法应该在去噪的同时还能够保持原始点云数据的几何特征信息，并且算法具有较低的复杂度和较高的执行效率。本章提出了一种层次化的点云去噪算法，首先采用基于张量投票的去噪算法对点云进行初始粗去噪，然后采用基于曲率特征的去噪算法对点云进行精去噪，该算法对公共点云数据模型和文物点云数据模型均具有良好的去噪效果，是一种有效的点云去噪算法。

本章参考文献

[1]　戴士杰，任永潮，张慧博. 各向异性扩散滤波的三维散乱点云平滑去噪

算法[J]. 计算机辅助设计与图形学学报，2018，30（10）：1843-1849.

[2] 李鹏，邹杨，姚正安. 四阶各向异性扩散方程在图像放大中的应用[J]. 中国图象图形学报，2013，18（10）：1261-1269.

[3] GHONEI A Y. A smoothed particle hydrodynamic-sphase field method with radial basis functions and moving least squares for meshfree simulation of dendritic solidification [J]. Applied Mathematical Modelling, 2020, 77(2): 1704-1741.

[4] 邓吉，李健，封皓，等. 不连续相位跳变点的三维深度分割[J]. 光学精密工程，2019，27（11）：2459-2466.

[5] 武剑洁. 基于点的散乱点云处理技术的研究[D]. 武汉：华中科技大学，2004.

[6] ZHANG Y, LU X Q. A three-dimensional diffusion filtering model establishment and analysis for point cloud intensity noise[J]. Journal of Computing and Information Science in Engeering, 2017, 17(1): 10-31.

[7] MATTEI E, CASTRODAD A. Point cloud denoising via moving RPCA[J]. Computer Graphics Forum, 2017, 36(8): 123-137.

[8] XU Z, FOI A. Anisotropic denoising of 3D point clouds by aggregation of multiple surface-adaptive estimates[J]. IEEE transactions on visualization and computer graphics, 2019, 99(12): 1-10.

第三部分

第 **3** 章

基于信息熵和聚类的点云简化算法

3.1 引言

　　三维激光扫描技术作为一种空间数据采集技术，能直接通过扫描仪传感器获取被测物体的点云数据信息，并通过计算机模拟仿真还原物体原型。由于初始获取的点云数据量庞大且密集，直接对其进行处理会降低模型重建的效率，因此有必要进行简化处理。目前，点云简化技术已经在地质勘测、数字医疗、古迹文物的勘探和修复，以及逆向工程等领域得到了广泛的应用[1-3]。

　　针对已有简化算法在细节几何特征保持效果差、易出现孔洞、算法耗时长等方面的问题，面向数据点分布散乱且具有噪声点的点云数据模型，本章提出了一种基于曲率局部熵及聚类的点云简化算法。该算法通过网格去噪、曲率局部特征熵计算、K 均值聚类（K-Means Clustering，KMC）等步骤实现点云数据简化，可以在保持点云细节几何特征的同时，有效提高点云简化的精度和效率。

3.2　基于信息熵的初始粗简化

信息熵是由香农提出的，主要用来度量场景中的不确定性和信息总量[4]。信息熵是一个系统的状态函数，是对一个事件程度的度量。在不同场景下，对于不同对象，熵能够度量一个状态的混乱程度、不确定程度及不均匀程度等。

信息熵 $H(X)$ 定义为

$$H(X) = -K\sum_{i=1}^{n} P_i \log P_i \tag{3.1}$$

式中，K 是一个常量；P_i 是事件出现的概率，$P_i \geqslant 0$，$i = 1, 2, \cdots, n$，$\sum_{i=1}^{n} P_i = 1$。

根据信息熵的大小即可确定点云局部区域中所包含的几何特征，信息熵越大，说明局部区域越平坦，所包含的特征信息越少；信息熵越小，说明点云局部区域越复杂，所包含的特征信息越多。

一个区域的曲率可以反映该区域的复杂程度，对于点云 **P** 中的某点 **p**，其信息熵可定义为

$$I(P) = -P_w \log P_w - \sum_{i=1}^{k} P_{w_i} \log P_{w_i} \tag{3.2}$$

式中，P_w 和 P_{w_i} 分别定义为

$$P_w = \frac{|w|}{|w| + \sum_{i=1}^{k} |w_i|} \tag{3.3}$$

$$P_{w_i} = \frac{|w_i|}{|w| + \sum_{i=1}^{k} |w_i|} \tag{3.4}$$

式中，w 是运用最小二乘法[5]求得的点云数据的平均曲率；P_w 是点 **p** 的曲率概率分布；P_{w_i} 是第 i 个邻域点的曲率概率分布。

可见，如果数据点在平坦区域，那么数据点之间的曲率大小相近，$I(P)$ 则会接近其最大值 $\log(k)$。$I(P)$ 越小，表明数据点处于变化较明显的区域，属于

点云的几何特征点。因此，可以对所有点云中所有数据点的信息熵进行大小排序，尽可能保留信息熵较小的数据，从而实现点云初始粗简化。

3.3 基于改进 KMC 的精简化

3.3.1 传统 KMC 算法

聚类算法利用数据中特征之间的相似性，将具备相似性的数据划入同一样本簇中。KMC 属于聚类算法中的一种经典传统算法，目前已经被广泛应用于数据挖掘、人工智能、图像识别等领域[6-8]。

传统 KMC 算法作为聚类划分的基本算法，能够根据用户提供的聚类数及聚类中心对点云的数据点进行聚类。为了使聚类效果达到最优，通常使用的函数是使每个数据点到聚类中心的距离之和最小。

传统 KMC 算法的主要步骤如下：

输入：n 个数据点，聚类数目 k。

输出：k 个子簇。

（1）从点云的所有数据点中任选 k 个数据点作为初始聚类中心 m_i，$i = 1, 2, \cdots, k$。

（2）计算点云中所有点到每个聚类中心的距离，将距离聚类中心最近的点划分为一个子簇，从而生成 k 个子簇 M_i，$i = 1, 2, \cdots, k$。

（3）判断是否满足聚类的终止条件，若满足则跳转到步骤（6），若不满足则重新计算聚类中心，通常选择距离原来的聚类中心最近的点作为新的聚类中心。

（4）重复步骤（2），生成新的 k 个子簇 M_i，$i = 1, 2, \cdots, k$。

（5）重复步骤（2）～（4），直至聚类中心不再改变或误差已达标准为止。

（6）输出 k 个子簇。

3.3.2 改进 KMC 算法

传统 KMC 算法随机选取聚类中心，聚类数目需要根据经验确定，而点云数据散乱无序、数据量巨大，模型特征又较为复杂，因此需要对其进行改进，以处理点云数据模型。为了能够获得较好的聚类结果，根据 K-D 树[9]左右子树分布较为均匀的特性，在聚类前通过对点云数据建立 K-D 树来确定聚类中心，以保证点云中的数据点可以较为均匀地分布在中心数据点附近，有利于减少聚类算法的迭代次数，更加迅速地达成聚类效果。

该改进 KMC 算法的具体实现步骤如下：

（1）设置聚类数 k 的值，建立点云中所有数据点的 K-D 树。

（2）对 K-D 树进行划分，接近 k 值时，将 K-D 树的某个叶子节点作为初始聚类中心。

（3）根据树中的点到聚类中心的距离，将所有点云数据划分为 k 个子簇。

（4）重新计算每个子簇的中心节点，并将最中心的点作为子簇中心节点。

（5）按照新聚类中心对所有数据重新进行聚类。

（6）重复步骤（4）和步骤（5），直至子簇中心不再发生变化为止，最终能够得到 k 个子簇。

（7）设置每个子簇的聚类半径 r 的值，删除子簇中距离聚类中心大于 r 的数据点，从而实现点云的进一步精简化。

3.4 简化算法的评价指标

通常，点云简化效果主要从简化率和简化精度两个方面进行评价[10]。简化率是指简化后和简化前的点云数据点数目的比值；简化精度用简化误差来衡量，用于表征点云简化的正确率。

3.4.1 简化率

由于简化后的三维点云数据模型的三维坐标没有发生改变，因此简化后的点的个数就表示点云简化效果。为了将效果进行量化，一般用简化率 R 来表示，R 定义为

$$R = \frac{N - N'}{N} \tag{3.5}$$

式中，N 表示简化前点云中点的数目；N' 表示简化后点云中点的数目。简化率 R 越高，表示简化后的点的数目 P' 就越小，点云简化程度就越高。

3.4.2　简化精度

目前，简化精度通常采用最大误差、平均误差和标准误差来衡量。最大误差用于衡量点云简化的局部误差，反映了点云简化后细节几何特征保持的效果，其效果与最大误差的值成正比；平均误差用来衡量点云简化的全局误差；标准误差能够有效反映数据的离散长度。

最大误差定义为

$$\varepsilon_{\max}(\boldsymbol{P}, \boldsymbol{P}') = \max_{\boldsymbol{p} \in \boldsymbol{P}} d(\boldsymbol{p}, \boldsymbol{P}') \tag{3.6}$$

平均误差定义为

$$\varepsilon_{\mathrm{ave}}(\boldsymbol{P}, \boldsymbol{P}') = \frac{1}{N} \sum_{\boldsymbol{p} \in \boldsymbol{P}} d(\boldsymbol{p}, \boldsymbol{P}') \tag{3.7}$$

标准误差定义为

$$\varepsilon_{\mathrm{std}} = \sqrt{\frac{1}{N} \sum_{\boldsymbol{p} \in \boldsymbol{P}} \left(d(\boldsymbol{p}, \boldsymbol{P}') \right)^2} \tag{3.8}$$

式（3.6）～式（3.8）中，N 表示点云 $\boldsymbol{P}$ 中点的数目；$d(\boldsymbol{p}, \boldsymbol{P}')$ 表示对简化后点云 $\boldsymbol{P}'$ 做网格划分后，点云 $\boldsymbol{P}$ 中的一点 $\boldsymbol{p}$ 到简化后点云 $\boldsymbol{P}'$ 上最近的三角面的欧氏距离。

在点云简化算法的设计中，通常会综合考虑多种简化指标对简化算法的评价结果，以设计出适用范围更广、特征保持更佳的算法，这里主要考虑使用简化率和平均误差对实验结果进行评价。

3.5　实验结果与分析

实验采用公共点云数据模型和文物点云数据模型验证本章算法，首先采用基于信息熵的简化算法对点云进行初始粗简化，然后采用改进的 K 均值聚类简化算法对点云进行精简化。

3.5.1　公共点云数据模型简化

待简化的公共点云数据模型 Bunny 和 Dragon 如图 3.1 所示，对其分别采用包围盒简化法[11]、随机采样法[12]、曲率简化法[13]及本章提出的基于信息熵和改进 K 均值聚类的点云简化算法进行简化处理，其简化结果如图 3.2、图 3.3 和表 3.1 所示。

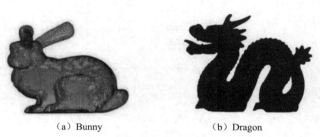

（a）Bunny　　　　　　　　　　　（b）Dragon

图 3.1　简化前的公共点云数据模型

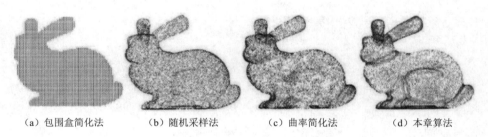

（a）包围盒简化法　　（b）随机采样法　　（c）曲率简化法　　（d）本章算法

图 3.2　Bunny 的简化结果

（a）包围盒简化法　　（b）随机采样法　　（c）曲率简化法　　（d）本章算法

图 3.3　Dragon 的简化结果

表 3.1 4 种算法对公共点云数据模型的简化结果对比

公共点云数据模型	原始点云数目/个	简化算法	简化率/%	平均误差/mm	简化时间/s
Bunny	35947	包围盒简化法	59.7	0.1853	4.96
		随机采样法	60.2	0.1542	0.37
		曲率简化法	58.6	0.0427	8.45
		本章算法	59.3	0.0214	16.15
Dragon	437645	包围盒简化法	80.8	0.3799	13.70
		随机采样法	81.3	0.4685	0.87
		曲率简化法	78.9	0.1784	15.51
		本章算法	79.7	0.0911	30.09

由图 3.2、图 3.3 和表 3.1 的简化结果可见，本章算法具有最低简化误差，可以较好地保留公共点云数据模型的几何特征，没有产生孔洞现象，是一种有效的点云简化算法。

3.5.2 文物点云数据模型简化

在文物点云数据模型的简化实验中，采用了在秦始皇兵马俑坑实地扫描获取的兵马俑碎片点云数据模型。两个待简化的文物碎片点云数据模型如图 3.4 所示。分别对其采用包围盒简化法、随机采样法、曲率简化法及本章算法进行简化，简化结果如图 3.5、图 3.6 和表 3.2 所示。

（a）文物碎片 1　　　　　　　　　　　（b）文物碎片 2

图 3.4 待简化的文物碎片点云数据模型

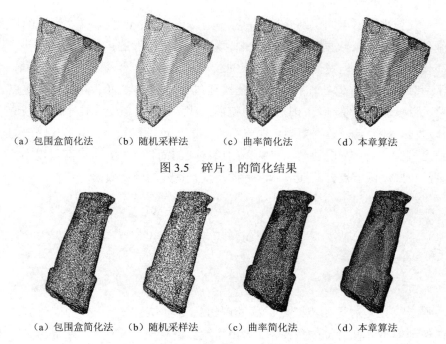

（a）包围盒简化法　　（b）随机采样法　　（c）曲率简化法　　　（d）本章算法

图 3.5　碎片 1 的简化结果

（a）包围盒简化法　　（b）随机采样法　　（c）曲率简化法　　　（d）本章算法

图 3.6　碎片 2 的简化结果

表 3.2　4 种算法对文物碎片点云数据模型的简化结果对比

文物点云数据模型	点云数目/个	简化算法	简化率/%	平均误差/mm	简化时间/s
碎片 1	31998	包围盒简化法	60.4	0.1723	6.36
		随机采样法	71.1	0.1901	1.03
		曲率简化法	56.7	0.0914	11.05
		本章算法	48.5	0.0436	19.37
碎片 2	169672	包围盒简化法	62.3	0.1991	1.79
		随机采样法	73.8	0.2274	1.68
		曲率简化法	49.7	0.1039	10.92
		本章算法	58.0	0.0990	31.37

由图 3.5、图 3.6 和表 3.2 的简化结果可见，本章算法具有最低简化误差，可以较好地保留文物点云数据模型的几何特征，没有产生孔洞现象，是一种有效的点云简化算法。这是由于包围盒简化法通过建立并划分点云包围盒实现

点云简化,对特征点的识别效果差,容易造成误删除;随机采样法通过随机采样函数对原始点云数据进行采样,采样率越大,采样后的点云数目就越少,点云简化率就越高,但是无法保留点云的显著几何特征,容易造成明显孔洞,不利于后期的模型重建处理;曲率简化法通过计算数据点曲率特征来实现点云简化,能够有效提取点云的细节几何特征,但容易对曲率变化较小的区域造成简化过度,对于点云数据模型表面光滑部分的处理性能较差;而本章提出的基于信息熵和改进 KMC 的简化算法采用层次化的简化方式,可以有效提高简化精度,较好地保留点云的细节几何特征,具有良好的简化效果。

3.6　本章小结

　　点云简化是对原始点云数据预处理的重要环节之一,有效的简化算法能够在保证模型几何特征的条件下,对模型数据进行充分简化。本章提出了一种基于信息熵及聚类的点云简化算法,通过定义点云局部区域的曲率信息熵并基于信息熵值的判断可以实现点云初始粗简化,采用一种基于 K-D 树的改进KMC 算法可以实现点云进一步的精简化,由粗到精的层次化简化方式可以达到点云精简化的目的;该算法在保留细节几何特征的基础上,具有较高的简化精度,并且可以有效避免孔洞的产生,是一种有效的点云简化算法。但是,该算法没有考虑高噪声含量点云的简化问题,在后续的研究中应进一步综合考虑多种因素对结果的影响,研究适用性更佳的简化算法。

本章参考文献

[1]　ESMEIDE L, GERMAN S T, BRANCHBEDOYA J W, et al. A saliency-based sparse representation method for point cloud simplification [J]. Sensors, 2021, 21(13): 4279-4292.

[2]　DONG Q, LI Q Y, WEI Z B, et al. Research on 3D modeling of geological

interface Surface[J]. Chinese conference on image and graphics technologies, 2017, 3(2): 219-231.

[3]　曹雏清，刘汉伟，李瑞峰. 机器人自主抓取的三维点云基本形体简化算法[J].华中科技大学学报（自然科学版），2020，48（1）：13-19.

[4]　DONG L, LI X. Evolution of urban construction land structure based on information entropy and shift-share Model: An empirical study on Beijing-Tianjin-Hebei urban agglomeration in China[J]. Sustainability, 2022, 14(3): 1244-1253.

[5]　GWANGTAECK L, SANGHOON L, NAMHO K. A study on model calibration using sensitivity based least squares method[J]. Journal of Mechanical Science and Technology, 2022, 36(2): 809-815.

[6]　AWAD F H, HAMAD M M. Improved k-means clustering algorithm for big data based on distributed smartphone neural engine processor[J]. Electronics, 2022, 11(6): 883-892.

[7]　DJEBBAR A, MEROUANI H F, DJELLALI H. A new case-deletion strategy for case-base maintenance based on K-means clustering algorithm applied to medical data[J]. Intelligent Decision Technologies, 2022, 15(4): 541-559.

[8]　HUANG H, SHANG Z. Fast mining method of network heterogeneous fault tolerant data based on K-means clustering[J]. Web Intelligence, 2021, 19(1-2): 115-124.

[9]　XIU X J, ZHANG J. Grid k-d tree approach for point location in polyhedral data sets-application to explicit MPC[J]. International Journal of Control, 2020, 93(4): 872-880.

[10]　马益飞. 基于特征线的兵马俑点云简化方法研究[D]. 西安：西北大学，2021.

[11]　HE S W, LIU B L. Review of bounding box algorithm based on 3D point cloud[J]. International Journal of Advanced Network, Monitoring and Controls, 2021, 6(1): 18-23.

[12]　孔利，王延存，周茂伦，等. 基于随机抽样与特征值法的点云平面稳健拟合方法[J]. 测绘与空间地理信息，2019，42（3）：43-46.

[13]　WANG G L, WU L S, HU Y, et al. Point cloud simplification algorithm based on the feature of adaptive curvature entropy[J]. Measurement Science and Technology, 2021, 32(6): 23-34.

第 **4** 章

基于点重要性判断的点云简化算法

4.1　引言

　　扫描采集的初始点云数据模型不仅点数据量大，而且点与点之间没有明确的关联，这使点云处理的工作量较大，因此有必要对点云数据模型进行简化处理。

　　虽然目前国内外学者提出了很多点云简化算法，可以使点云的结构得以保持，但时间和空间开销较大，精确性、多特征融合、特征区域与非特征区域的差异性考量等方面仍需要改进。鉴于此，本章提出了一种基于点重要性判断的点云简化算法。该算法基于点的重要性判断，采用八叉树结构简化点云非特征点，可以有效保留点云的重要细节特征，达到点云简化的目的。

4.2　点重要性计算

　　在点云简化过程中，通过计算 4 个特征算子（曲率差、法向量差、投影距离、空间距离）评估点的重要性，准确地保留整个点云的细节特征点。

4.2.1　特征算子计算

1. 曲率差

曲率是最直观地反映点的尖锐程度的一个参数[1]。对于点云 P，当点 $p_i \in P$ 的曲率与其邻域点 p_j 的曲率之差很大时，该点很可能处于尖锐位置，是一个细节特征点。因此，计算点 p_i 和每个邻域点的曲率之差，再累积曲率差，便可反映点 p_i 的锐度。

2. 法向量差

法向量切平面是在三维空间中垂直于给定曲面上任意一点的平面，用于描述曲面的位置和特征[2]。如果两个点有相同的法向量切平面，那么它们的法向量是相同的，并且这两个点之间的法向量差为零。当点 p_i 的法向量与其各邻域点 p_j 的法向量之差的和较大时，由点 p_i 及其邻域点 p_j 拟合的曲面在点 p_i 处较凸或较凹。

3. 投影距离

点与其邻域点形成的平面的投影距离也可以反映点的凹凸性，投影距离越大，样本曲率变化也就越大。点 p_i 的曲率变化，可以通过计算点 p_i 的邻域点 p_j 到 p_{plan} 的投影距离并把这些投影距离相加来体现。

4. 空间距离

空间距离也能反映点云中两点间的关系。在点云中，当某一点与其邻域点的空间距离较大时，可能该点处于尖锐位置，或是点云采样不均匀导致该点附近区域稀疏。为了防止稀疏区域出现孔洞，可以通过计算点 p_i 与其每个邻域点 p_j 之间的空间距离，并累加空间距离来反映点 p_i 的重要性。

4.2.2　特征算子融合

为了减少误差积累，将上述 4 个特征算子加权融合，即可用于描述点 p_i 的重要性。点 p_i 的重要性定义为

$$I_{p_i} = \sum_{j=1}^{k} [\alpha(c_i - c_j) + \beta(1 - n_i^{\mathrm{T}} n_j) + \gamma \,|\, n_i^{\mathrm{T}}(p_i - p_j)\,| + \delta \| p_i - p_j \|] \qquad (4.1)$$

式中，$\alpha, \beta, \gamma, \delta$ 均为比例因子；点 p_j 表示点 p_i 的 k 邻域点；c_i 和 c_j 分别表示点 p_i 和点 p_j 的曲率；n_i 和 n_j 分别表示点 p_i 和点 p_j 的法向量。

对于不同类型的点云，可以给出不同的比例因子组合。对于均匀采样的点云，可以将空间距离算子的比例因子 δ 设置为较小值；对于非均匀采样的点云，将空间距离算子的比例因子 δ 设置为较大值；对于具有清晰细节特征的点云，曲率差算子的比例因子 α 可设置为较大值；对于具有一般细节特征的点云，法向量差算子的比例因子 β、投影距离算子的比例因子 γ 都设置为较大值。

通过计算点 p_i 的重要性 I_{p_i}，可将重要性大于阈值的点保留为细节特征点，剩余的点为非细节特征点。对于特征较少的点云数据，可以设置较大的阈值，以保证较高的简化率；对于具有大量特征和复杂特征的点云数据，可以设置一个较小阈值来保证算法可以保留较多的细节特征点。

4.3　基于八叉树的非特征点简化

点重要性 I_{p_i} 较大的点即为点云中的特征点，它们描述了整个点云数据模型的细节特征、对比特征和结构特征。但是，如果仅使用特征点拟合曲面，曲面中将有许多孔洞，因此还需要保留一些非特征点，这里采用八叉树来简化非特征点。八叉树可以在每个叶节点中保留一个点，通过把整个点云进行空间分割来实现点云简化。

构建八叉树的基本思想[3]：首先，设置八叉树的最大递归深度或最大层数，并找到整体点云的最大和最小空间坐标值，构建包围点云的最小外立方体，这个外立方体就是空间包围盒；然后，基于空间包围盒，生成根节点，判断如果没有达到最大递归深度，则将当前立方体平均细分为 8 个；再判断子立方体中的点数与父立方体中的点数，如果相同并且数量不为零，则子立方体停止切割；最后，重复上述步骤，直到达到最大递归深度为止。

基于构建的八叉树，即可实现非特征点的简化，具体步骤描述如下：

（1）为点云中的所有非特征点构建一棵八叉树。

（2）对于八叉树的每个叶节点，计算它及其邻域点的平均法向量 $\bar{n}$ 和平均曲率 $\bar{c}$ 。

（3）计算每个叶节点的法向量与平均法向量之差。

（4）计算每个叶节点的曲率与平均曲率之差。

（5）将向量差和曲率差相加，并选择该和值最小的点来代替叶节点中的其他点，其计算式为

$$nc = (1 - n_i\bar{n}) + (c_i - \bar{c}) \tag{4.2}$$

采用上述非特征点简化算法即可在保持点云重要细节特征的基础上，实现有效的点云简化，并可防止孔洞的产生。

4.4　实验结果与分析

4.4.1　公共点云数据模型简化

公共点云数据模型简化实验中采用 Bunny 和 Horse 点云数据模型来验证所提方法，如图 4.1 所示。

（a）Bunny　　　　　　　　　　（b）Horse

图 4.1　待简化的公共点云数据模型

对图 4.1 的点云数据模型，分别采用基于显著性值的点云简化算法[4]、基于结构信息约束的网格简化算法[5]、基于 ε-不敏感支持向量回归的点云简化算法[6]和本章算法进行简化，简化结果如图 4.2、图 4.3 和表 4.1 所示。其中，简化率、最大误差、平均误差等简化指标的求解采用 3.4 节的计算方法。

（a）基于显著性值的点云简化算法

（b）基于结构信息约束的网格简化算法

（c）基于 ε-不敏感支持向量回归的点云简化算法

（d）本章算法

图 4.2　4 种算法对 Bunny 的简化结果

（a）基于显著性值的点云简化算法

（b）基于结构信息约束的网格简化算法

（c）基于 ε-不敏感支持向量回归的点云简化算法

（d）本章算法

图 4.3　4 种算法对 Horse 的简化结果

表 4.1　4 种算法对公共点云数据模型的简化参数

公共点云数据模型	简化算法	简化前/后点数/个	简化率/%	最大误差/mm	平均误差/mm
Bunny	基于显著性值的点云简化算法	42669/8534	0.20	0.1025	0.0416
	基于结构信息约束的网格简化算法	42669/10667	0.25	0.0869	0.0379
	基于ε-不敏感支持向量回归的点云简化算法	42669/12801	0.30	0.0834	0.0362
	本章算法	42669/17068	0.40	0.0581	0.0279
Horse	基于显著性值的点云简化算法	61937/8534	0.20	0.1106	0.0422
	基于结构信息约束的网格简化算法	61937/10667	0.25	0.0950	0.0381
	基于ε-不敏感支持向量回归的点云简化算法	61937/12801	0.30	0.0916	0.0369
	本章算法	61937/17068	0.40	0.0671	0.0270

从图 4.2、图 4.3 和表 4.1 的简化结果可见，本章算法对公共点云数据模型具有较优的简化效果，可以在有效保持点云重要细节几何特征的同时，较大化地简化非特征数据信息，并避免孔洞的产生。

4.4.2　文物点云数据模型简化

文物点云数据模型简化实验采用的是兵马俑文物碎片的点云数据模型，如图 4.4 所示。对其分别采用基于显著性值的点云简化算法[4]、基于结构信息约束的网格简化算法[5]、基于ε-不敏感支持向量回归的点云简化算法[6]和本章算法进行简化，简化结果如图 4.5、图 4.6 和表 4.2 所示。

（a）碎片 1　　　　　　　　　　（b）碎片 2

图 4.4　待简化的文物点云数据模型

（a）基于显著性值的点云简化算法　　　　　　（b）基于结构信息约束的网格简化算法

（c）基于ε-不敏感支持向量回归的点云简化算法　　　　　　（d）本章算法

图 4.5　4 种算法对碎片 1 的简化结果

（a）基于显著性值的点云简化算法　　　　　　（b）基于结构信息约束的网格简化算法

（c）基于ε-不敏感支持向量回归的点云简化算法　　　　　　（d）本章算法

图 4.6　4 种算法对碎片 2 的简化结果

表 4.2　4 种算法对文物点云数据模型的简化参数

文物点云数据模型	简化算法	简化前/后点数/个	简化率/%	最大误差/mm	平均误差/mm
碎片 1	基于显著性值的点云简化算法	66789/13358	0.20	0.1035	0.0420
	基于结构信息约束的网格简化算法	66789/16697	0.25	0.0880	0.0385
	基于 ε-不敏感支持向量回归的点云简化算法	66789/20037	0.30	0.0843	0.0367
	本章算法	66789/26715	0.40	0.0593	0.0286
碎片 2	基于显著性值的点云简化算法	84538/16908	0.20	0.1115	0.0427
	基于结构信息约束的网格简化算法	84538/21209	0.25	0.0961	0.0387
	基于 ε-不敏感支持向量回归的点云简化算法	84538/25361	0.30	0.0927	0.0364
	本章算法	84538/33815	0.40	0.0683	0.0276

　　从图 4.5、图 4.6 和表 4.2 的简化结果可见，本章算法对文物点云数据模型具有最优的简化效果，可以在有效保持点云重要细节几何特征的同时，有效删除非特征数据信息，并避免孔洞产生，是一种有效的点云简化方法。

　　综上，本章提出的基于自适应阈值及点重要性的散乱点云简化算法可以对公共点云数据模型和文物点云数据模型进行有效简化，不仅可以保留点云的重要几何特征，而且可以避免产生孔洞。这是由于本章算法采用层次式的散乱点云简化方式，首先采用阈值自适应点删除算法和基于曲率的点删除算法进行去噪，实现点云初始粗简化，然后通过融合曲率差、法向量差、投影距离和空间距离 4 个特征算子来评估点的重要性，进而在保持重要特征点的基础上对非特征点进行简化，从而实现了点云精简化，是一种有效的点云简化方法。而基于显著性值的点云简化算法通过估计点云中检测点的显著性来计算动态聚类半径，从而实现基于聚类的点云简化，但是对边缘特征的保持性较差，简化精度还有待提高；基于结构信息约束的网格简化算法可以健壮地保持最佳三角面的形状和拓扑结构，改善三维模型的重建效果，但是对噪声文物点云数据模型的简化精度不够高；基于 ε-不敏感支持向量回归的点云简化算法通过识别高曲率区域实现尖锐边缘点的检测，可以实现公共点云数据模型的有效简化，但是对文物点云数据模型的简化容易造成孔洞。

4.5　本章小结

　　点云简化是点云数据模型预处理的重要环节之一，可以在保留点云细节几何特征的基础上实现数据的最大化精简。为了有效保持散乱点云的显著几何特征，本章提出了一种基于点重要性判断的点云简化算法，通过计算曲率差、法向量差、投影距离、空间距离 4 个特征算子来评估点的重要性。从对公共点云数据模型和文物点云数据模型的简化结果来看，该算法可以有效保持点云细节几何特征，避免孔洞的产生，实现点云的有效简化，对各种类型点云数据模型的简化具有一定的普适性。

本章参考文献

[1]　YU S Y, SUN S, YAN W, et al. A method based on curvature and hierarchical strategy for dynamic point cloud compression in augmented and virtual reality system[J]. Sensors, 2022, 22(3): 1262-1272.

[2]　JILIA S, FLORENCE D, DAVID C, et al. Robust normal vector estimation in 3D point clouds through iterative principal component analysis[J]. ISPRS Journal of Photogrammetry and Remote Sensing, 2020, 163(C): 18-35.

[3]　HUANG F, PENG S Y, CHEN S Y, et al. VO-LVV-A novel urban regional living vegetation volume quantitative estimation model based on the voxel measurement method and an octree data structure[J]. Remote Sensing, 2022, 14(4): 855-867.

[4]　ESMEIDE L, GERMAN S T, JOHN B B W, et al. A saliency-based sparse representation method for point cloud simplification[J]. Sensors, 2021, 21(13): 4279-4289.

[5] 李大军，苟国华，吴天辰，等. 结构信息约束的三角网格模型简化方法[J]. 测绘科学，2021，46（8）：88-95.

[6] MARKOVIC V, JAKOVLJEVIC Z, MILJKOVIC Z. Feature sensitive three-dimensional point cloud simplification using support vector regression[J]. Tehnički Vjesnik, 2019, 26(4): 985-994.

第 5 章

基于栅格划分和曲率分级的
点云简化算法

5.1　引言

通常点云简化算法可以分为基于网格的简化算法和基于点的简化算法两类[1]。基于网格的简化算法需要生成大量网格，时间和空间复杂度较高；基于点的简化算法占用资源较少，但是对点云细节特征的保持性较差。因此，在保留原始点云细节几何特征的前提下，尽可能多地删减冗余点是点云简化的研究重点。

虽然已有简化算法可以有效提高点云简化的精度和速度，但是还存在很多问题，如对大尺度离群点的去噪效果不佳，易被噪声点影响造成特征点被误删，以及计算量偏大等。鉴于此，针对散乱点云数据模型，在保留关键几何特征的前提下，本章提出了一种基于栅格划分和曲率分级的点云简化算法。首先，通过构造点云长方体包围盒、划分点云空间结构、计算栅格权值并删除冗余点等步骤实现点云初始粗简化；然后，通过对平均曲率等级划分实现点云的进一步简化，从而达到点云精简化的目的。该算法可以有效保持点云的细节特征，提高后续点云重建的质量。

5.2　基于权值的初始粗简化

在点云的初始粗简化阶段，主要通过构造点云长方体包围盒、划分点云空间结构、计算栅格权值等步骤实现。

5.2.1　构造点云长方体包围盒

在散乱点云 $P = \{p_1, p_2, \cdots, p_N\}$ ，$i = 1, 2, \cdots, N$ 中，首先获取具有最大坐标值的点和最小坐标值的点，其坐标分别记为 $(X_{\max}, Y_{\max}, Z_{\max})$ 和 $(X_{\min}, Y_{\min}, Z_{\min})$ ，然后根据最大坐标值和最小坐标值计算长方体包围盒的长 L_x 、宽 L_y 和高 L_z ，其计算式分别为

$$L_X = X_{\max} - X_{\min} \tag{5.1}$$
$$L_Y = Y_{\max} - Y_{\min} \tag{5.2}$$
$$L_Z = Z_{\max} - Z_{\min} \tag{5.3}$$

5.2.2　划分点云空间结构

划分点云空间结构通过划分长方体包围盒来实现，即将包围盒划分为若干小立方体。根据式（5.1）～式（5.3），可以求得长方体包围盒的体积 V 为

$$V = L_X L_Y L_Z \tag{5.4}$$

那么单位小立方体栅格中数据点的个数 n 为

$$n = \frac{N}{V} \tag{5.5}$$

式中，N 表示原始点云数据中的总数；V 表示长方体包围盒的体积。

子立方体栅格的边长 L_s 为

$$L_s = \sqrt[3]{\frac{\lambda r}{n}} \tag{5.6}$$

式中，λ 表示比例因子，用于调节子立方体栅格的边长；r 表示邻域点的个数。

进而得出划分子立方体栅格的个数 n_s 为

$$n_s = \left(\left\lfloor \frac{L_X}{L_s} \right\rfloor + 1\right)\left(\left\lfloor \frac{L_Y}{L_s} \right\rfloor + 1\right)\left(\left\lfloor \frac{L_Z}{L_s} \right\rfloor + 1\right) \tag{5.7}$$

最终确定点云中每个点都在某个子立方体栅格中。

5.2.3 计算栅格权值

对于采用上述方法获得的长方体包围盒的子立方体栅格，依次遍历每个栅格，并分别给每个栅格中的数据点进行权值的赋值。这里的权值计算通过 k 个邻域点得出，该权值可以反映在该区域内该点的采样密度。

设某个栅格包含的点集为 $Q = \{q_1, q_2, \cdots, q_M\}$，定义点集中任意一点 q_i 的权值 a_i 为

$$a_i = \frac{1}{k}\sum_{j=1}^{k}\|q_i - q_j\|^2 \tag{5.8}$$

式中，$\{q_j\}_{j=1}^{k} \subset Q$ 表示点 q_i 的 k 个邻域，可以反映出点的稀疏程度。权值越小，该点所在区域越密集；权值越大，该点所在区域越稀疏。

权值初值的设定方法为：对于任意一个子立方体，找到它所包含的点中坐标值最大的点和坐标值最小的点，假设其坐标值分别为 $(X'_{max}, Y'_{max}, Z'_{max})$ 和 $(X'_{min}, Y'_{min}, Z'_{min})$，那么初始权值 a_0 为

$$a_0 = \frac{(X_{max} - X_{min})^2 + (Y_{max} - Y_{min})^2 + (Z_{max} - Z_{min})^2}{n'} \tag{5.9}$$

式中，n' 表示栅格中所包含点数据的个数。

5.3 基于曲率分级的精简化

点云精简化主要通过计算平均曲率和曲率分级等步骤实现。

5.3.1　计算平均曲率

通过对给定点法线进行主成分分析来求解曲率。该方法首先确定表面一点的法向量，近似于估计表面一个相切面的法向量，转过来就是解决最小二乘平面拟合。估计表面法向量就是分析一个协方差矩阵的特征值和特征向量。

对于点云 $\boldsymbol{P}=\{\boldsymbol{p}_1,\boldsymbol{p}_2,\cdots,\boldsymbol{p}_N\}$，$i=1,2,\cdots,N$，假设其上任意一点 $\boldsymbol{p}_i$ 的 k 邻域点拟合平面的法向量记为 $\boldsymbol{N}$，邻域重心记为 $\boldsymbol{O}$，则

$$O=\frac{1}{k}\sum p_j \tag{5.10}$$

式中，j 为 $\boldsymbol{p}_i$ 的 k 邻域内某一点的序号。

将 k 邻域中的数据点进行参数化以构造曲面模型，可以满足不同曲面对其局部形状的要求，该拟合平面的法向量的计算式为

$$f(\boldsymbol{N})\min\sum\|(\boldsymbol{p}_j-\boldsymbol{O})\cdot\boldsymbol{N}\| \tag{5.11}$$

求解式（5.11）即可得到点 $\boldsymbol{p}_i$ 的 k 邻域点的拟合平面的法向量。这里计算的法向量方向可能不一致，会影响后面曲率计算的准确性，因此要调节法向量方向。

设 x 轴和 y 轴是拟合切平面上的两个正交向量，z 轴是法向量，x 轴、y 轴和 z 轴构成笛卡儿坐标系，$S(x,y)$ 表示切平面，其计算式为

$$S(x,y)=(x,y,z(x,y))=ax+by+cx^2+dxy+ey^2 \tag{5.12}$$

那么存在一组数值 a,b,c,d,e 使得式（5.12）成立，表示成线性方程组的形式为

$$\begin{pmatrix} x_1 & y_1 & x_1^2 & x_1y_1 & y_1^2 \\ x_2 & y_2 & x_2^2 & x_2y_2 & y_2^2 \\ \vdots & \vdots & \vdots & \vdots & \vdots \\ x_s & y_s & x_s^2 & x_sy_s & y_s^2 \end{pmatrix}\begin{pmatrix} a \\ b \\ c \\ d \\ e \end{pmatrix}=\begin{pmatrix} z_1 \\ z_2 \\ \vdots \\ z_s \end{pmatrix} \tag{5.13}$$

对于式（5.13），可以求得其通解 a,b,c,d,e。则点 $\boldsymbol{p}_i$ 的 k 邻域点所构造曲面的平均曲率 $\bar{H}_i$ 为

$$\bar{H}_i = \frac{(1+a^2)e + (1+b^2)c - abd}{\sqrt{(1+a^2+b^2)^3}}$$ （5.14）

5.3.2 曲率分级

首先，将平均曲率 $\bar{H}_i$ 归划到区间[0,5]上，并对归划后的平均曲率进行等级划分[2]，可得

$$\bar{H}_i' = \frac{5\bar{H}_i}{H_{max} - H_{min}}$$ （5.15）

式中，H_{max} 和 H_{min} 分别表示点 $\boldsymbol{p}_i$ 的 k 邻域点中的曲率最大值和最小值。

然后，基于平均曲率分级的结果，对点云进行网格划分。这里需要设置点数阈值和边长阈值，用于控制网格的大小，再根据网格中平均曲率等级的平均值对网格中的点云进行精简化。如果网格中的曲率等级平均值为0，就选取网格重心点的最近点作为整个网格的代表点；如果网格的曲率等级平均值为1～8，就保留网格中曲率等级由高到低的前 $a\%$ 个点，其中，a 是网格曲率等级平均值的10倍；如果网格的曲率等级平均值为9，则保留网格中的全部点。

5.4 本章点云简化算法的步骤

基于栅格划分和曲率分级的点云简化算法的具体实现步骤如下：

（1）获取点云中点 $\boldsymbol{p}_i$ 的坐标位置 (X_i, Y_i, Z_i)，其中 $(X_{max}, Y_{max}, Z_{max})$ 为该散乱点云集的最大坐标值，$(X_{min}, Y_{min}, Z_{min})$ 为该散乱点云集的最小坐标值，以 $(X_{max}, Y_{max}, Z_{max}; X_{min}, Y_{min}, Z_{min})$ 为极点建立点云 $\boldsymbol{P}$ 的长方体包围盒。

（2）确立最大包围盒的体积大小 V，计算单位小立方体栅格中点云数据的个数 n，确定子立方体栅格的边长 L_s，将包围盒划分成若干个小立方体栅格，并确保各个点云在每个立方体中。

（3）遍历每个栅格，通过 k 邻域计算每个栅格中各个点的权值 a。若该子立方体中点的权值小于该权阈值 ε，则删除该点，反之则对该点进行保留。

（4）求解点云 $\boldsymbol{P}$ 上任意一点 $\boldsymbol{p}_i$ 的 k 邻域点所构造曲面的平均曲率 $\bar{H}_i$，将其归划到区间 $[0,5]$ 上，并对归划后的平均曲率进行等级划分。

（5）基于平均曲率分级的结果对点云进行网格划分，并根据曲率等级的值确定网格中点的删除率，从而实现点云的进一步简化。

5.5　实验结果与分析

实验采用 MATLAB 软件对简化算法进行验证，采用的数据模型包含两类：一类是公共点云数据模型 Bunny，另一类是实地扫描获取的文物点云数据模型。

5.5.1　公共点云数据模型简化

待简化的公共点云数据模型为 Bunny 和 Horse，如图 5.1 所示。

（a）Bunny　　　　　　　　　　　　　　　（b）Horse

图 5.1　原始公共点云数据模型

对图 5.1 的点云数据模型分别采用随机采样法[3]、均匀网格法[4]、法向量夹角法[5]、基于熵的点云简化算法[6]、基于深度神经网络的点云简化算法[7]及本章算法 6 种算法对其进行简化。6 种算法对图 5.1 中的公共点云数据模型的简化结果如图 5.2、图 5.3 和表 5.1 所示。其中，简化率、最大误差、平均误差等简化指标的计算方式采用 3.4 节的计算方法。

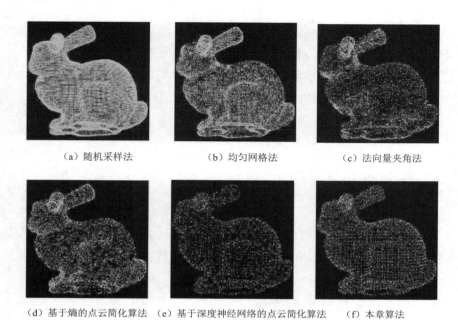

（a）随机采样法　　　　　　（b）均匀网格法　　　　　　（c）法向量夹角法

（d）基于熵的点云简化算法　（e）基于深度神经网络的点云简化算法　　（f）本章算法

图 5.2　Bunny 模型的简化结果

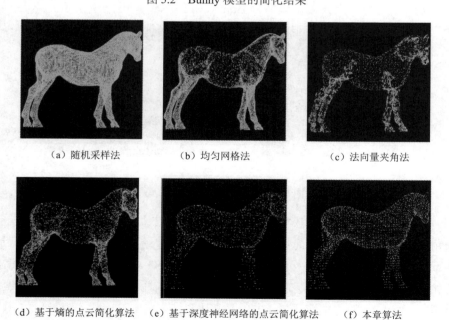

（a）随机采样法　　　　　　（b）均匀网格法　　　　　　（c）法向量夹角法

（d）基于熵的点云简化算法　（e）基于深度神经网络的点云简化算法　　（f）本章算法

图 5.3　Horse 模型的简化结果

表 5.1　6 种算法对公共点云数据模型的简化参数

公共点云数据模型	点云数目/个	简化算法	简化率/%	特征点数/个	最大误差/mm	平均误差/mm	耗时/s
Bunny	35947	随机采样法	0.32	446	0.1027	0.0413	30.24
		均匀网格法	0.55	479	0.1019	0.0409	32.74
		法向量夹角法	0.67	501	0.0824	0.0352	35.19
		基于熵的点云简化算法	0.75	577	0.0706	0.0339	27.55
		基于深度神经网络的点云简化算法	0.77	646	0.0688	0.0314	29.42
		本章算法	0.80	696	0.0581	0.0281	20.46
Horse	48485	随机采样法	0.30	488	0.1131	0.0533	31.70
		均匀网格法	0.60	514	0.1122	0.0510	34.19
		法向量夹角法	0.65	573	0.0930	0.0467	36.33
		基于熵的点云简化算法	0.70	598	0.0802	0.0429	28.72
		基于深度神经网络的点云简化算法	0.80	644	0.0785	0.0408	30.99
		本章算法	0.83	690	0.0622	0.0386	21.91

由图 5.2、图 5.3 和表 5.1 可见，本章提出的点云简化算法具有最佳简化效果，可以在有效保留点云数据模型细节几何特征的基础上最大化地删除冗余数据信息，是一种有效的点云简化算法。

5.5.2　文物点云数据模型简化

实验采用的文物点云数据模型采用的是通过激光扫描仪实地扫描获取的秦始皇陵出土的兵马俑碎片的点云数据模型。部分待简化文物碎片的点云数据模型如图 5.4 所示。

（a）碎片 1　　　　（b）碎片 2　　　　（c）碎片 3

图 5.4　文物碎片的点云数据模型

由图 5.4（a）可知，文物碎片 1 表面曲率平缓，该模型细节特征较少；由图 5.4（b）可知，文物碎片 2 表面曲率较平缓，相较于文物碎片 1 有较多细节特征；由图 5.4（c）可知，文物碎片 3 曲面曲率复杂，该模型几何特征多。

对图 5.4 所示的文物碎片分别采用随机采样法[3]、均匀网格法[4]、法向量夹角法[5]、基于熵的点云简化算法[6]、基于深度神经网络的点云简化算法[7]及本章算法进行简化，简化结果如图 5.5～图 5.7 和表 5.2 所示。

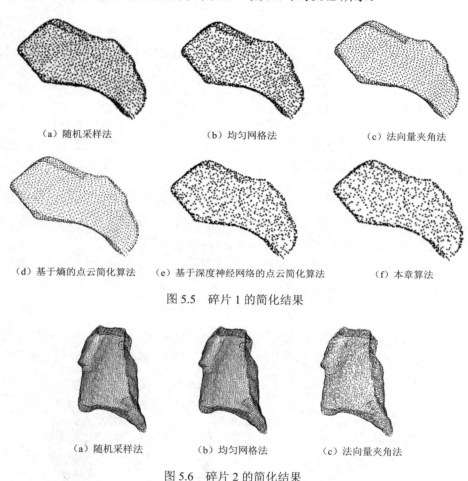

（a）随机采样法　　　　　（b）均匀网格法　　　　　（c）法向量夹角法

（d）基于熵的点云简化算法　（e）基于深度神经网络的点云简化算法　（f）本章算法

图 5.5　碎片 1 的简化结果

（a）随机采样法　　　　　（b）均匀网格法　　　　　（c）法向量夹角法

图 5.6　碎片 2 的简化结果

 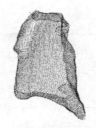 

（d）基于熵的点云简化算法 （e）基于深度神经网络的点云简化算法 （f）本章算法

图 5.6 碎片 2 的简化结果（续）

（a）随机采样法 （b）均匀网格法 （c）法向量夹角法

（d）基于熵的点云简化算法 （e）基于深度神经网络的点云简化算法 （f）本章算法

图 5.7 碎片 3 的简化结果

表 5.2 6 种算法对文物点云数据模型的简化参数

文物点云数据模型	点云数目/个	简化算法	简化率/%	特征点数/个	最大误差/mm	平均误差/mm	耗时/s
碎片 1	6421	随机采样法	0.31	122	0.1383	0.0479	30.13
		均匀网格法	0.32	194	0.1372	0.0467	32.19
		法向量夹角法	0.33	201	0.1288	0.0381	34.55
		基于熵的点去简化算法	0.35	268	0.1268	0.0354	27.09
		基于深度神经网络的点云简化算法	0.67	305	0.1244	0.0316	30.94
		本章算法	0.76	322	0.1206	0.0299	20.01

续表

文物点云数据模型	点云数目/个	简化算法	简化率/%	特征点数/个	最大误差/mm	平均误差/mm	耗时/s
碎片 2	10348	随机采样法	0.33	241	0.1377	0.0468	32.33
		均匀网格法	0.33	289	0.1367	0.0458	34.40
		法向量夹角法	0.34	303	0.1268	0.0355	36.69
		基于熵的点云简化算法	0.37	352	0.1237	0.0323	29.30
		基于深度神经网络的点云简化算法	0.61	403	0.1219	0.0309	33.09
		本章算法	0.73	442	0.1184	0.0285	22.33
碎片 3	115472	随机采样法	0.30	460	0.1497	0.0589	35.62
		均匀网格法	0.32	488	0.1490	0.0583	37.58
		法向量夹角法	0.31	541	0.1408	0.0485	39.92
		基于熵的点云简化算法	0.33	629	0.1314	0.0449	32.68
		基于深度神经网络的点云简化算法	0.61	701	0.1265	0.0418	36.02
		本章算法	0.69	770	0.1246	0.0386	25.49

由图 5.5～图 5.7 和表 5.2 的简化结果可见，本章算法在曲面平缓的区域进行简化时点云分布均匀，没有出现过简化进而产生孔洞的现象，在曲面复杂区域能较好地保留模型的几何特征。

随机采样法通过随机采样函数对原始点云数据进行采样，虽然操作简单、方便，但无法保留模型的显著特征，且当设置采样参数较高时，点云简化率也会较高，点云数据模型会出现明显的空白，并对后期三维模型的处理与研究产生影响；均匀网格法的简化结果在一定程度上优于随机采样法，但该算法在划分小立方体时是均匀划分的，因此当压缩率 R 越高时，就会越难以捕捉模型的细节特征，仅适用于规则的三维点云数据模型；法向量夹角法在一定程度上优于前两种压缩算法，该算法考虑了模型的细节特征，但在曲率变化较小的区域容易造成简化过度，对于模型表面光滑部分的处理性能较差；基于熵的点云简化算法通过定义简化熵对隐藏在点云中的特征进行量化，从而实现特征保留，但是该算法对噪声的识别能力还有待提高；基于深度神经网络的点云简化算法可以有效描述点云的局部和全局几何细节，但是算法的耗时较长，时间效率不高；而本章算法具有最佳简化率和最低简化误差，能够在保持原始显著几何特征的基础上实现文物点云数据模型的高效简化，是一种有效的点云简化算法。

5.6　本章小结

点云简化是点云处理中的重要环节，有效的简化算法能在保证模型几何特征信息的条件下，对模型数据进行最大限度的简化。本章提出了一种层次化点云简化算法，通过构造长方体包围盒、划分点云空间结构、计算栅格权值、删除冗余点及点云精简化等步骤实现。本章算法通过将长方体包围盒划分空间与反映点云密度大小的权值相结合进行简化，使得所保留的点能体现出模型几何特征，具有较好的简化率和较低的简化误差，是一种非常有效的点云简化算法。但是该算法未考虑大量噪声对点云简化结果的影响，实验采用的点云数据模型均为去噪后的模型，因此在今后的研究中要综合考虑噪声等多种因素对算法的影响，进一步扩大算法的普适性，提高算法的简化率和特征保持性能。

本章参考文献

[1]　DUBE R, GOLLUB M G, SOMMER H, et al. Incremental-segment-based localization in 3D point clouds[J]. IEEE Robotics and Automation Letters, 2018, 3(3): 1832-1839.

[2]　李绕波，袁希平，甘淑，等. 综合多种算法的点云精简优化策略与实验研究[J]. 激光与光电子学进展，2020，57（23）：190-198.

[3]　孔利，王延存，周茂伦，等. 基于随机抽样与特征值法的点云平面稳健拟合方法[J]. 测绘与空间地理信息，2019，42（3）：43-46.

[4]　刘剑，白迪. 基于特征匹配的三维点云配准算法[J]. 光学学报，2018，38（12）：240-247.

[5]　HAN H, HAN X, SUN F, et al. Point cloud simplification with preserved edge based on normal vector[J]. International Journal for Light and Electron Optics,

2015, 126(19): 2157-2162.

[6]   ZHANG K, QIAO S Q, WANG X H, et al. Feature-preserved point cloud simplification based on natural quadric shape models[J]. Applied Sciences, 2019, 9(10): 2130-2137.

[7]   HEGDE S, GANGISETTY S. Inception based deep learning architecture for 3D point cloud segmentation[J]. Computers & Graphics, 2021, 95: 13-22.

第四部分

第 **6** 章

基于正态分布和曲率的层次化
点云配准算法

6.1　引言

　　点云配准是点云处理的一个重要研究内容，在可以轻而易举获取到高精度点云数据模型的情况下，如何给予点云数据一个好的配准算法逐渐成为三维建模的关键研究内容。

　　为了提高点云配准的精度和速度，本章结合基于特征的配准算法和无特征的配准算法的优点，提出了一种基于正态分布（Normal Distribution Transform，NDT）和曲率的层次化点云配准算法。首先，利用 BFGS（1970 年由 C. G. Broyden R. Fletcher、D. Goldfarb 和 D. F. Shanno 提出的一种拟牛顿法，并用他们的名字命名）对 NDT 算法进行优化，使 NDT 算法沿着梯度下降方向不断迭代，从而提高点云的粗配准效率；然后，计算点云的主曲率、高斯曲率和平均曲率等特征参数，并通过参数融合实现点云的局部特征描述；最后，采用基于曲率融合的 ICP 算法对点云进行精配准，从而达到进一步提高配准精度的目的。

6.2　基于改进 NDT 的粗配准

6.2.1　NDT 算法

　　NDT 算法是一种传统的点云配准算法，其实质就是将 ICP 算法栅格化，通过计算待配准点云间的刚体变换确定最优配准[1]。

　　NDT 算法的具体实现步骤如下：

　　（1）假设源点云 $P = \{p_1, p_2, \cdots, p_m\}$ 和目标点云 $Q = \{q_1, q_2, \cdots, q_n\}$ 为两组待配准的点云数据模型，设置其配准误差的阈值及算法的最大迭代次数。

　　（2）建立点云 Q 的体素单元并对其进行均匀剖分，求解点云 Q 每个体素单元的统计数据，包括重心点 $\bar{q}$ 和协方差矩阵 C，其计算式为

$$\bar{q} = \frac{1}{n}\sum_{j=1}^{n} q_j \tag{6.1}$$

$$C = \frac{1}{n-1}\sum_{j=1}^{n}\left(q_j - \bar{q}\right)\left(q_j - \bar{q}\right)^{\mathrm{T}} \tag{6.2}$$

式中，q_j 表示体素内所包含的点；n 表示目标点云 Q 所包含的点数，$j = 1, 2, \cdots, n$。

　　（3）对点云 Q 的体素单元进行正态分布建模，并建立其概率密度函数 $p(q_j)$，计算式为

$$p(q_j) = \frac{1}{\sqrt{2\pi|C|}}\exp\left(-\frac{\left(q_j - \bar{q}\right)^{\mathrm{T}} C^{-1}\left(q_j - \bar{q}\right)}{2}\right) \tag{6.3}$$

　　（4）计算点云 P 落在体素的概率之和 $s(T)$，计算式为

$$s(T) = -\sum_{i=1}^{m} p(p'_i) \tag{6.4}$$

将 $s(T)$ 作为分数值，使用标准最优化技术确定点云 P 和 Q 的最佳配准。

　　在式（6.4）中，p'_i 的计算式为

$$\boldsymbol{p}_i' = \begin{bmatrix} c_y c_z & -c_y s_z & s_y \\ c_x s_z + s_x s_y c_z & c_x c_z - s_x s_y s_z & -s_x c_y \\ s_x s_z - c_x s_y c_z & c_x s_y s_z + s_x c_z & c_x c_y \end{bmatrix} \boldsymbol{p}_i + \begin{bmatrix} t_x \\ t_y \\ t_z \end{bmatrix} \tag{6.5}$$

式中，$\boldsymbol{p}_i$ 为点云 $\boldsymbol{P}$ 中的一个点，用三维坐标来表示，$i = 1, 2, \cdots, m$；$\boldsymbol{T} = (\theta_x, \theta_y, \theta_z, t_x, t_y, t_z)$ 为点云配准的刚体变换；$s_x = \sin\theta_x, s_y = \sin\theta_y, s_z = \sin\theta_z$；$c_x = \cos\theta_x, c_y = \cos\theta_y, c_z = \cos\theta_z$。

（5）利用牛顿迭代法求式（6.4）的最小值，并更新刚体变换，其计算式为

$$\boldsymbol{H}\Delta\boldsymbol{T} = -\boldsymbol{g} \tag{6.6}$$

$$\boldsymbol{T} = \boldsymbol{T} + \Delta\boldsymbol{T} \tag{6.7}$$

式中，$\boldsymbol{H}$ 为 Hessian 矩阵；$\Delta\boldsymbol{T}$ 为刚体变换的修正值；$\boldsymbol{g}$ 为概率之和 s 的梯度，$H_{ij} = \dfrac{\partial s}{\partial \boldsymbol{p}_i \partial \boldsymbol{p}_j}$；$g_i = \dfrac{\partial s}{\partial \boldsymbol{p}_i}$。

（6）判断 $|\Delta\boldsymbol{T}|$ 是否小于给定阈值，或算法是否达到最大迭代次数，若满足条件则停止迭代，利用此时求得的刚体变换 $\boldsymbol{T}$，即可实现点云 $\boldsymbol{P}$ 和 $\boldsymbol{Q}$ 的配准。

6.2.2　改进的 NDT 算法

虽然 NDT 算法无须计算点云的特征信息，但是在矩阵求解中的耗时较长，降低了点云配准的时间效率。鉴于此，这里采用一种基于 BFGS（BFGS Method）的改进 NDT 算法实现点云精配准。BFGS 算法将 BFGS 矩阵作为对称正定迭代矩阵，可以避免算法在迭代过程中的矩阵求逆运算，有效提高算法收敛速度[2]。

基于 BFGS 的改进 NDT 算法的具体实现步骤如下：

（1）给定刚体变换参数初值 $\boldsymbol{T}_1$ 及误差 $\varepsilon > 0$。

（2）设置算法的初始迭代次数 $k = 1$，Hessian 矩阵的逆矩阵为单位矩阵，即 $\boldsymbol{H}_1 = \boldsymbol{E}_{6\times 6}$，目标函数的梯度初始值为 $\boldsymbol{g}_1$。

（3）求解刚体变换参数的修正值 $\Delta\boldsymbol{T}_k$ 为

$$\Delta\boldsymbol{T}_k = -\boldsymbol{H}_k \boldsymbol{g}_k \tag{6.8}$$

（4）从 $\boldsymbol{T}_k$ 出发，沿 $\Delta\boldsymbol{T}_k$ 方向进行一维线性搜索，求得最佳步长 α_k，使其满足式（6.9），即

$$f(\alpha_k) = \min_{\alpha \geq 0} f(\boldsymbol{T}_k + \alpha_k \Delta\boldsymbol{T}_k) \tag{6.9}$$

式中，$f(\alpha_k)$ 为目标函数。

（5）更新刚体变换参数，计算式为

$$T_{k+1} = T_k + \Delta T_k \tag{6.10}$$

求解新的梯度 g_{k+1}，并根据误差条件判断是否继续迭代。若 $\|g_{k+1}\| \leqslant \varepsilon$，则停止迭代，得到 T_{k+1} 为最终刚体变换参数；否则，转到步骤（6）。

（6）更新 Hessian 矩阵的逆矩阵 H_{k+1}，计算式为

$$H_{k+1} = H_k + \left(1 + \frac{\Delta g_k'^{\mathrm{T}} H_k g_k'}{\Delta T_k^{\mathrm{T}} g_k'}\right) \frac{\Delta T_k \Delta T_k^{\mathrm{T}}}{\Delta T_k^{\mathrm{T}} g_k'} - \frac{\Delta T_k g_k'^{\mathrm{T}} H_k + H_k g_k' \Delta T_k^{\mathrm{T}}}{\Delta T_k^{\mathrm{T}} g_k'} \tag{6.11}$$

式中，$g_k' = g_{k+1} - g_k$。

跳转至步骤（3），直到满足误差判断条件为止。

采用基于 BFGS 的改进 NDT 算法即可实现点云的粗配准，使配准算法沿梯度下降方向迭代，降低算法的时间复杂度，提高点云配准效率。

6.3　基于曲率 ICP 的精配准

6.3.1　ICP 算法

ICP 算法是一种自由形态曲面的配准算法，当相对姿态的初始估计已知时，ICP 算法被广泛用于三维模型的几何配准。该方法直接作用于两个待配准的点云上，通过反复迭代，得到源点云与目标点云之间的对应关系，以及最优刚体变换矩阵。ICP 算法常被应用于点云精配准中。

对于待配准点云 $P = \{p_1, p_2, \cdots, p_m\}$ 和 $Q = \{q_1, q_2, \cdots, q_n\}$，假设采用基于改进 NDT 算法进行粗配准后得到的点云数据模型为 $P' = \{p_1', p_2', \cdots, p_m'\}$ 和 $Q' = \{q_1', q_2', \cdots, q_n'\}$，ICP 算法通过计算源点云 P' 中的点 p_i' 与目标点云 Q' 中的点 q_j' 的欧氏距离实现点云配准。

ICP 算法的具体实现步骤如下：

（1）对于待配准的点云 P' 和点云 Q'，计算 P' 和 Q' 中欧氏距离最近的点对，并将其作为配准点对加入对应点集中。

（2）通过对应点集计算出旋转矩阵 $\boldsymbol{R}$ 和平移向量 $\boldsymbol{t}$，并计算变换后对应点的目标误差函数 f。

（3）根据旋转矩阵 $\boldsymbol{R}$ 和平移向量 $\boldsymbol{t}$ 进行刚体变换，调整源点云 $\boldsymbol{P}'$ 的位置，计算式为

$$\boldsymbol{P}'' = \left(\boldsymbol{R} \times \boldsymbol{P}'^{\mathrm{T}} + \boldsymbol{t} \right)^{\mathrm{T}} \tag{6.12}$$

（4）若误差函数大于给定阈值，转到步骤（2）进行新一轮迭代；若小于给定阈值或达到最大迭代次数，则停止迭代。

ICP 算法在初值较好的情况下，其精度和收敛性都不错。但是，该算法需要遍历所有点，故计算复杂度高，会造成误对应；并且初始位置不能偏差太大，否则会降低配准精度。鉴于此，本章提出了一种基于曲率的改进 ICP 算法，通过计算主曲率、高斯曲率和平均曲率来描述点云的局部曲面特征，从而提高精配准算法的精度和收敛速度。

6.3.2　基于曲率的 ICP 算法

基于曲率的 ICP 算法利用点云的主曲率 K_1、K_2，高斯曲率 K 和平均曲率 H 来实现点云精配准。主曲率 K_1、K_2 可以反映点的局部形状；高斯曲率 K 可以反映曲面的凹凸度，其变化程度越大表示其内部变化程度越大，平滑度越低；平均曲率 H 是微分几何中的一种"外部"的弯曲度量，它提供嵌入周围空间的曲面曲率的局部描述，也可以表示曲面的凹凸度。因此，局部曲面的凹凸类型主要取决于 K 和 H 的正或负。

1. 曲率计算

点的曲率采用模板采样和移动最小二乘法（Moving Least Squares，MLS）进行计算。具体计算步骤如下：

（1）基于精确的测地线算法[3]计算给定点 $\boldsymbol{p}'_i$ 周围的离散指数映射，$i = 1, 2, \cdots, m$。

（2）根据预先指定的二维采样模板，从以点为中心的最短距离中提取采样点集。

（3）基于采样点集定义移动最小二乘法函数 $E(y, x)$，即

$$E(y, x) = ax + by + cx^2 + dxy + ey^2 \tag{6.13}$$

那么存在一组数值 a、b、c、d、e 使得式（6.13）成立，表示成线性方程组的形式为

$$
\begin{pmatrix}
x_1 & y_1 & x_1^2 & x_1 y_1 & y_1^2 \\
x_2 & y_2 & x_2^2 & x_2 y_2 & y_2^2 \\
\vdots & \vdots & \vdots & \vdots & \vdots \\
x_s & y_s & x_s^2 & x_s y_s & y_s^2
\end{pmatrix}
\begin{pmatrix}
a \\ b \\ c \\ d \\ e
\end{pmatrix}
=
\begin{pmatrix}
z_1 \\ z_2 \\ \vdots \\ z_s
\end{pmatrix}
\tag{6.14}
$$

（4）对于式（6.14）可以求其通解 $a \sim e$，求解点 $\boldsymbol{P}$ 的 H 和 K，计算式分别为

$$
H = \frac{\left(1+a^2\right)e + \left(1+b^2\right)c - abd}{\left(1+a^2+b^2\right)^{\frac{3}{2}}}
\tag{6.15}
$$

$$
K = \frac{2c - d^2}{\left(1+a^2+b^2\right)^2}
\tag{6.16}
$$

（5）计算点 $\boldsymbol{p}$ 的主曲率 K_1、K_2，即

$$
\begin{cases}
K_1 = H + \sqrt{H^2 - K} \\
K_2 = H - \sqrt{H^2 - K}
\end{cases}
\tag{6.17}
$$

2. 曲率特征相似度计算

基于曲率的 ICP 算法利用点云的曲率特征(K, H, K_1, K_2)实现点云配准。对于源点云 $\boldsymbol{P}'$ 中的任意一点 $\boldsymbol{p}_i'$，基于该点的曲率特征建立多重特征向量 $(K_i, H_i, K_{i1}, K_{i2})$。同时，目标点云 $\boldsymbol{Q}'$ 中的点 $\boldsymbol{q}_j'$ 是点 $\boldsymbol{p}_i'$ 的对应点，其对应的多重特征向量为$(K_j, H_j, K_{j1}, K_{j2})$。

定义点对$(\boldsymbol{p}_i', \boldsymbol{q}_j')$的曲率特征相似度 ω 为

$$
\omega(\boldsymbol{p}_i', \boldsymbol{q}_j') = \frac{\sum_{k=1}^{4} (\boldsymbol{p}_{ik}' \times \boldsymbol{q}_{ik}')}{\sqrt{\sum_{k=1}^{4} \boldsymbol{p}_{ik}'^2} \times \sqrt{\sum_{k=1}^{4} \boldsymbol{q}_{ik}'^2}}
\tag{6.18}
$$

由式（6.18）可知，$\omega \in [0,1]$。当 $\omega = 0$ 时，点对 $(\boldsymbol{p}_i', \boldsymbol{q}_j')$ 的曲率特征完全不相似；当 $\omega = 1$ 时，点对 $(\boldsymbol{p}_i', \boldsymbol{q}_j')$ 的曲率特征完全相似。比较 $\omega(\boldsymbol{p}_i', \boldsymbol{q}_j')$ 和阈值 ω_0，若 $\omega(\boldsymbol{p}_i', \boldsymbol{q}_j') < \omega_0$，则取消对应点；若 $\omega(\boldsymbol{p}_i', \boldsymbol{q}_j') \geqslant \omega_0$，则该点对为最近点对。

3. 基于曲率 ICP 精配准算法的步骤

基于曲率 ICP 精配准算法的具体步骤如下：

（1）设置迭代次数 k 的初始值为 1，曲率特征相似度阈值为 ω_0。

（2）对于粗配准后的点云 $\boldsymbol{P}'$ 和 $\boldsymbol{Q}'$，计算其上点的曲率特征 $(K_i, H_i, K_{i1}, K_{i2})$ 和 $(K_j, H_j, K_{j1}, K_{j2})$。

（3）搜索点云 $\boldsymbol{P}'$ 中点 $\boldsymbol{p}'_i$ 对应点云 $\boldsymbol{Q}'$ 的欧氏距离 d_k 最短的点 $\boldsymbol{q}'_j$，计算式为

$$d_k = \min \frac{1}{n} \sum_{j=1}^{n} \left\| \boldsymbol{q}'_j - \boldsymbol{p}'_i \right\|^2 \qquad (6.19)$$

式中，n 表示点云 $\boldsymbol{Q}'$ 所包含的点数。

（4）利用式（6.17）计算点对 $(\boldsymbol{p}'_i, \boldsymbol{q}'_j)$ 的曲率特征相似度 $\omega(\boldsymbol{p}'_i, \boldsymbol{q}'_j)$。

（5）比较曲率特征相似度 $\omega(\boldsymbol{p}'_i, \boldsymbol{q}'_j)$ 和阈值 ω_0，若 $\omega(\boldsymbol{p}'_i, \boldsymbol{q}'_j)$ 大于 ω_0，则点对 $(\boldsymbol{p}'_i, \boldsymbol{q}'_j)$ 即为对应点，若 $\omega(\boldsymbol{p}'_i, \boldsymbol{q}'_j)$ 小于等于 ω_0，则令 $k = k+1$，重复步骤（3）～步骤（5），重新求解 $\omega(\boldsymbol{p}'_i, \boldsymbol{q}'_j)$ 大于 ω_0 的点对。

（6）利用四元数法[4]计算点云 $\boldsymbol{P}'$ 和 $\boldsymbol{Q}'$ 的刚体变换 $\boldsymbol{R}$ 和 $\boldsymbol{t}$。

（7）利用 $\boldsymbol{P}'' = \boldsymbol{R}\boldsymbol{P}' + \boldsymbol{t}$ 计算新数据集 $\boldsymbol{P}''$。

重复步骤（3）～步骤（7），直到达到最大迭代次数或满足如下条件

$$\left| d_k - d_{k+1} \right| < \varepsilon \qquad (6.20)$$

式中，阈值 $\varepsilon > 0$，用于确定迭代是否收敛。

6.4　实验结果与分析

6.4.1　公共点云数据模型配准

在公共点云数据模型配准实验中，采用斯坦福大学提供的公共点云数据模型 Bunny 和 Dragon 验证本章算法。待配准的公共点云数据模型 Bunny 和 Dragon 如图 6.1 所示，对其分别采用基于特征判别的配准算法[5]、基于自适应差分进化的配准算法[6]及本章算法进行配准，具体的配准结果如图 6.2、图 6.3 和表 6.1 所示。

(a) Bunny　　　　　　　　　　　（b）Dragon

图 6.1　两组待配准的公共点云数据模型

（a）基于特征判别的配准算法　（b）基于自适应差分进化的配准算法　（c）本章算法

图 6.2　Bunny 点云数据模型的配准结果

（a）基于特征判别的配准算法　（b）基于自适应差分进化的配准算法　（c）本章算法

图 6.3　Dragon 点云数据模型的配准结果

表 6.1　3 种算法对公共点云数据模型的配准参数

公共点云数据模型	点云数目（左，右）/个	配准算法	配准误差/mm	耗时/s
Bunny	40256, 30379	基于特征判别的配准算法	0.0227	16.2
		基于自适应差分进化的配准算法	0.0225	14.9
		本章算法	0.0178	10.4
Dragon	41841, 22092	基于特征判别的配准算法	0.0270	18.7
		基于自适应差分进化的配准算法	0.0268	17.1
		本章算法	0.0221	12.3

　　从图 6.2、图 6.3 和表 6.1 的配准结果可见，本章算法的配准误差最小，耗时最短，对公共点云数据模型具有良好的配准效果，是一种有效的公共点云数据模型配准算法。

6.4.2 颅骨点云数据模型配准

实验采用的颅骨点云数据模型由西北大学可视化技术研究所提供，本章算法利用了 300 套颅骨点云数据模型来进行验证。颅骨点云数据模型配准的基本思想为：假设 U 为一个待复原的未知颅骨，颅骨点云数据模型配准就是将颅骨数据库中的所有颅骨与未知颅骨 U 分别进行配准，根据配准结果得到一个最为相似的参考颅骨 S，那么参考颅骨 S 的面貌即可作为未知颅骨 U 的参考面貌。

在颅骨点云数据模型配准实验中，待配准的未知颅骨 U 如图 6.4（a）所示，部分参考颅骨如图 6.4（b）～图 6.4（e）所示（篇幅所限，在此仅列出其中 4 个参考颅骨 S1～S4）。

 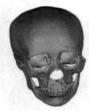 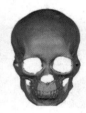 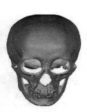

（a）未知颅骨 U　（b）参考颅骨 S1　（c）参考颅骨 S2　（d）参考颅骨 S3　（e）参考颅骨 S4

图 6.4　待配准颅骨

采用基于特征判别的配准算法、基于自适应差分进化的配准算法及本章算法，分别对图 6.4 中的未知颅骨 U 和参考颅骨 S1～S4 进行配准，其配准结果分别如图 6.5～图 6.8 和表 6.2 所示。

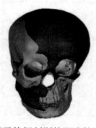  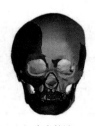

（a）基于特征判别的配准算法　　（b）基于自适应差分进化的配准算法　　（c）本章算法

图 6.5　未知颅骨 U 和参考颅骨 S1 的配准结果

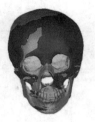

（a）基于特征判别的配准算法　（b）基于自适应差分进化的配准算法（c）本章算法

图 6.6　未知颅骨 U 和参考颅骨 S2 的配准结果

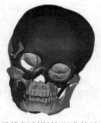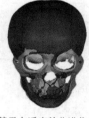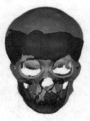

（a）基于特征判别的配准算法　（b）基于自适应差分进化的配准算法　（c）本章算法

图 6.7　未知颅骨 U 和参考颅骨 S3 的配准结果

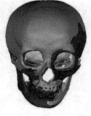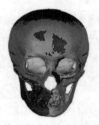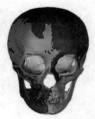

（a）基于特征判别的配准算法　（b）基于自适应差分进化的配准算法　　（c）本章算法

图 6.8　未知颅骨 U 和参考颅骨 S4 的配准结果

表 6.2　3 种算法对颅骨点云数据模型的配准参数

待配准颅骨对	点云数目 （左，右）/个	配准算法	配准误差/mm	耗时/s
U, S1	411906, 320336	基于特征判别的配准算法	0.2729	21.3
		基于自适应差分进化的配准算法	0.2713	20.9
		本章算法	0.2525	13.3

续表

待配准颅骨对	点云数目 （左，右）/个	配准算法	配准误差/mm	耗时/s
U, S2	411906, 307497	基于特征判别的配准算法	0.2629	19.8
		基于自适应差分进化的配准算法	0.2588	19.5
		本章算法	0.2425	12.7
U, S3	411906, 157710	基于特征判别的配准算法	0.2704	17.2
		基于自适应差分进化的配准算法	0.2697	16.7
		本章算法	0.2501	10.9
U, S4	411906, 275539	基于特征判别的配准算法	0.0312	18.9
		基于自适应差分进化的配准算法	0.0295	17.6
		本章算法	0.0214	11.3

从图 6.5～图 6.8 和表 6.2 的配准结果可见，未知颅骨 U 和参考颅骨 S4 可以达到最佳配准结果，其配准误差在允许范围内，因此颅骨 S4 即可作为未知颅骨 U 的最终参考颅骨。

同时，从 3 种配准算法的对比结果来看，本章算法的配准误差最小，耗时最短。这是由于基于特征判别的配准算法通过构建全局—局部特征描述符并加权表示来实现点云配准，可以有效提高算法的健壮性，但是在特征描述方面的耗时较长；基于自适应差分进化的配准算法通过结合差分进化和 ICP 算法提高算法的全局收敛速度，但是该算法对大型点云的配准精度不佳，容易陷入局部极值；而本章算法是一种优化的层次化点云配准算法，利用改进 NDT 算法实现了点云粗配准，利用基于曲率的 ICP 算法实现了点云精配准，结合了特征配准和无特征配准的优点，可以有效提高点云配准的精度和算法收敛速度。

6.5 本章小结

点云配准是计算机视觉领域的一项重要研究内容，其目的是寻找一种刚体变换使两片点云能够正确对齐，已经在诸多领域得到了广泛应用。通过分析基于特征配准和无特征配准算法的优缺点，本章提出了一种优化的层次化点云配准算法。首先采用改进的 NDT 算法实现点云粗配准，然后采用基于曲率的 ICP 算法实现点云精配准。该算法可以使算法沿着梯度下降方向不断迭代，并利用多种曲率加权的方式描述点云的局部特征，可以获得较高的配准精度和收敛速度。但是该算法没有考虑噪声对点云配准结果的影响，在今后的研究中要进一步研究噪声点云的精配准问题，以提高算法的普适性，扩大算法的应用范围。

本章参考文献

[1]　MAGNUSSON M, LIENTHAL A, DUCHETT T. Scan registration for autonomous mining vehicles using 3D-NDT[J]. Journal of Field Robotics, 2007, 24(10): 803-827.

[2]　YUAN X R, HUANG W, ABSIL P A, et al. Computing the matrix geometric mean: Riemannian versus Euclidean conditioning, implementation techniques and a riemannian BFGS method[J]. Numerical Linear Algebra with Applications, 2020, 27(5): 109-122.

[3]　王枭，陈双敏，陈叶芳，等. 基于模板采样和 MLS 能量函数的曲率计算[J]. 计算机辅助设计与图形学学报，2015，27（6）：1104-1109.

[4]　DUAN Y B, ZHANG X Y, LI Z B. A new quaternion-based kalman filter for human body motion tracking using the second estimator of the optimal quaternion algorithm and the joint angle constraint method with inertial and magnetic sensors.[J]. Sensors, 2020, 20(21): 6018-6031.

[5]　LINH T, TRUNG N, TINH N, et al. An adaptive differential evolution algorithm with a point-based approach for 3D point cloud registration[J]. Journal of Image and Graphics, 2022, 10(1): 1881-1896.

[6]　WANG J, WANG P, LI B, et al. Discriminative optimization algorithm with global-local feature for LIDAR point cloud registration[J]. International Journal of Remote Sensing, 2021, 42(23): 9003-9023.

第 **7** 章

基于特征点和改进 ICP
的点云配准算法

7.1　引言

点云配准的目的就是找到一个三维刚体变换，使得同一物体在不同视角下的两片或多片点云可以变换到一个统一的坐标系下，从而将其配准并获得完整的点云数据模型。

在众多点云配准算法中，最经典的算法是由 P. J. Besl 等[1]提出的 ICP 算法及其改进算法[2-5]。但是，当待配准点云的初始位置相差较大时，容易陷入局部极值，难以取得良好的配准结果。鉴于此，本章提出了一种基于特征点和改进 ICP 的点云配准算法。首先，提取点云的特征点集，并利用重心重合法实现点云粗配准；然后，利用基于 PCA 的 ICP 算法实现点云精配准；最后，通过点云配准实验来验证所提配准算法，以不同配准算法的实验对比结果来说明算法的有效性。

7.2 基于特征点的粗配准

点云粗配准采用重心移动法实现，首先提取点云中大曲率点作为特征点，然后利用重心法使待配准点云特征点集的重心重合，从而实现点云初步对齐。

7.2.1 特征点提取

点云的邻域特征主要有点的角点、质心、法向和曲率等。其中，角点是一个非常重要的特征，也是曲率波动较大的一种特征，因此角点可以通过曲率变化与其他特征点进行区分。

对于杂乱点云 $P(\boldsymbol{p}_1, \boldsymbol{p}_2, \boldsymbol{p}_3, \cdots, \boldsymbol{p}_{N_p})$，$N_p$ 表示点云 $\boldsymbol{P}$ 中点的数量，首先利用 PCA 算法[6-7]估计点云 $\boldsymbol{P}$ 中离散点的曲率。对于点云 $\boldsymbol{P}$ 中的某个点 $\boldsymbol{p}_a$，利用其 k 邻域范围内 n 个三维点构建点 $\boldsymbol{p}_a$ 的协方差矩阵 $\boldsymbol{C}$，$\boldsymbol{C}$ 表示为

$$C = \frac{1}{n} \sum_{i=1}^{n} (\boldsymbol{p}_i - \overline{\boldsymbol{p}})(\boldsymbol{p}_i - \overline{\boldsymbol{p}})^{\mathrm{T}} \tag{7.1}$$

式中，$\boldsymbol{p}_i$ 为 $\boldsymbol{p}_a$ 的 k 邻域范围内第 i 个点的三维坐标；$\overline{\boldsymbol{p}}$ 为邻域点的重心坐标，n 为邻域点的个数。

然后，计算点 $\boldsymbol{p}_a$ 的曲率 ρ 为

$$\rho = \frac{\lambda_0}{\lambda_0 + \lambda_1 + \lambda_2} \tag{7.2}$$

式中，λ_0、λ_1、λ_2 是协方差矩阵 $\boldsymbol{C}$ 的 3 个特征值。

计算点 $\boldsymbol{p}_a$ 的 k 邻域内各点的曲率均方差 κ_i 为

$$\kappa_i = \frac{1}{2} \sum_{i=1}^{n} (\rho_i - \overline{\rho})^2 \tag{7.3}$$

式中，$\overline{\rho}$ 表示点 $\boldsymbol{p}_a$ 的 k 邻域内各点的曲率平均值。

曲率均方差 κ_i 是对 k 邻域点的点云曲率变化的描述，由于角点区域的曲率均方差较大，因此其 κ 值较大。在特征点提取过程中，首先对 κ 值进行降序排列，然后选取前 l 个点作为特征点。选取 l 时，要尽量把角点都选择在特征点集中，从而得到点云 $\boldsymbol{P}$ 的特征点集 $\boldsymbol{P}'$。

7.2.2 粗配准算法的步骤

对于参考点云 $M(m_1, m_2, m_3, \cdots, m_{N_m})$ 和待配准点云 $Q(q_1, q_2, q_3, \cdots, q_{N_q})$，其中 N_m 和 N_q 分别表示点云 M 和点云 Q 所包含的点数。采用 7.2.1 节提出的特征提取方法获得 M 和 Q 的特征点集，分别为 $M'(m_1', m_2', m_3', \cdots, m_{N_m'}')$ 和 $Q'(q_1', q_2', q_3', \cdots, q_{N_q'}')$，其中 N_m' 和 N_q' 分别表示点集 M' 和 Q' 所包含的点数。

采用重心移动法[8-9]对特征点集 M' 和 Q' 进行配准的具体步骤如下：

（1）计算点集 M' 和 Q' 的重心 $M'(x_m, y_m, z_m)$ 和 $Q'(x_q, y_q, z_q)$，计算式为

$$
\begin{cases}
x_m = \dfrac{\sum\limits_{i=1}^{N_m'} x_i}{N_m'} \\[4mm]
y_m = \dfrac{\sum\limits_{i=1}^{N_m'} y_i}{N_m'} \\[4mm]
z_m = \dfrac{\sum\limits_{i=1}^{N_m'} z_i}{N_m'}
\end{cases}
,\quad
\begin{cases}
x_q = \dfrac{\sum\limits_{j=1}^{N_q'} x_j}{N_q'} \\[4mm]
y_q = \dfrac{\sum\limits_{j=1}^{N_q'} y_j}{N_q'} \\[4mm]
z_q = \dfrac{\sum\limits_{j=1}^{N_q'} z_j}{N_q'}
\end{cases}
\tag{7.4}
$$

式中，(x_m, y_m, z_m) 表示特征点集 M' 第 i 个参考点 m_i' 的三维坐标，(x_q, y_q, z_q) 表示特征点集 Q' 第 j 个参考点 q_j' 的三维坐标。

（2）求解姿态变换矩阵 $t(x_0, y_0, z_0)$，计算式为

$$
\begin{cases}
x_0 = x_q - x_m = \dfrac{\sum\limits_{i=1}^{N_m'} x_i}{N_m'} - \dfrac{\sum\limits_{j=1}^{N_q'} x_j}{N_q'} \\[4mm]
y_0 = y_q - y_m = \dfrac{\sum\limits_{i=1}^{N_m'} y_i}{N_m'} - \dfrac{\sum\limits_{j=1}^{N_q'} y_j}{N_q'} \\[4mm]
z_0 = z_q - z_m = \dfrac{\sum\limits_{i=1}^{N_m'} z_i}{N_m'} - \dfrac{\sum\limits_{j=1}^{N_q'} z_j}{N_q'}
\end{cases}
\tag{7.5}
$$

基于该姿态变换矩阵 t 即可将两个特征点集 M' 和 Q' 初步对齐，从而实现参考点云 M 和待配准点云 Q 的粗配准。

7.3　基于改进 ICP 的精配准

点云精配准采用基于 PCA 的 ICP 算法实现，通过在 ICP 算法迭代过程加入 PCA 来设计配准，以提高 ICP 算法的配准精度，缩短配准耗时。

对于参考点云 M 和待配准点云 Q 的特征点集 M' 和 Q'，首先使用 PCA 算法对点集 M' 和 Q' 的坐标进行分析，可得其前三主成分矩阵 C 和 C' 分别为

$$C = \begin{bmatrix} c_{11} & c_{12} & c_{13} \\ c_{21} & c_{22} & c_{23} \\ c_{31} & c_{32} & c_{33} \end{bmatrix}, \quad C' = \begin{bmatrix} c'_{11} & c'_{12} & c'_{13} \\ c'_{21} & c'_{22} & c'_{23} \\ c'_{31} & c'_{32} & c'_{33} \end{bmatrix} \tag{7.6}$$

那么，点集 M' 和 Q' 的前 3 个主成分特征向量可分别表示为

$$\begin{cases} c_1 = c_{11}x + c_{21}y + c_{31}z \\ c_2 = c_{12}x + c_{22}y + c_{32}z \\ c_3 = c_{13}x + c_{23}y + c_{33}z \end{cases} \tag{7.7}$$

$$\begin{cases} c'_1 = c'_{11}x + c'_{21}y + c'_{31}z \\ c'_2 = c'_{12}x + c'_{22}y + c'_{32}z \\ c'_3 = c'_{13}x + c'_{23}y + c'_{33}z \end{cases} \tag{7.8}$$

然后，计算点集 Q' 的主成分特征向量到点集 M' 的主成分特征向量的姿态变换矩阵 T 为

$$T = C(C')^{-1} \tag{7.9}$$

利用姿态变换矩阵 T 对全体待配准特征点 q'_j 进行位姿变换得

$$q''_j = Tq'_j \tag{7.10}$$

式中，q''_j 为姿态变换后的待配准特征点坐标。

最后，利用奇异值分解（Singular Value Decomposition，SVD）算法[10-12]得到旋转矩阵 R 和平移向量 t，并利用 R 和 t 更新点 q'_j 的坐标，得

$$q''_j = Rq'_j + t \tag{7.11}$$

定义配准误差 RMS 为

$$\text{RMS} = \sqrt{\frac{1}{N'_m}\sum_{i=1}^{N'_m}(\boldsymbol{p}'_i - \boldsymbol{q}'_j)^2} \qquad (7.12)$$

对迭代次数和配准误差进行判断，若不满足要求则重复上述迭代过程，对新的待配准点坐标进行 PCA 分析，求解主成分特征向量，并再次与参考点主成分进行配准，进行后续的迭代过程。否则，跳出迭代循环，输出最终的变换矩阵 $\boldsymbol{R}$、$\boldsymbol{t}$，从而实现点云精配准。

7.4 实验结果与分析

实验采用的点云数据模型有两类：一类是 Bunny 和 Dragon 公共点云数据模型；另一类是文物点云数据模型，是在秦始皇陵实地采集的兵马俑碎片模型，已经过去噪、简化等预处理。

7.4.1 公共点云数据模型配准

原始 Bunny 和 Dragon 公共点云数据模型如图 7.1 和图 7.2 所示，分别采用基于关键点的配准算法[13]、基于曲率图的配准算法[14]、基于局部不变量的配准算法[15]和本章算法对其进行配准，结果如图 7.3、图 7.4 和表 7.1 所示。

（a）Bunny1   （b）Bunny2   （c）初始相对位置

图 7.1 原始 Bunny 公共点云数据模型

（a）Dragon1 （b）Dragon2 （c）初始相对位置

图 7.2 原始 Dragon 公共点云数据模型

（a）基于关键点的配准算法 （b）基于曲率图的配准算法

（c）基于局部不变量的配准算法 （d）本章算法

图 7.3 Bunny 公共点云数据模型配准结果

（a）基于关键点的配准算法 （b）基于曲率图的配准算法

（c）基于局部不变量的配准算法 （d）本章算法

图 7.4 Dragon 公共点云数据模型配准结果

表 7.1　4 种算法对公共点云数据模型配准的运行参数

公共点云 数据模型	点云数目 （左，右）/个	配准算法	配准误差/mm	耗时/s
Bunny	30636, 30017	基于关键点的配准算法	0.0249	5.6
		基于曲率图的配准算法	0.0241	5.4
		基于局部不变量的配准算法	0.0230	5.1
		本章算法	0.0206	4.5
Dragon	31762, 17421	基于关键点的配准算法	0.0251	6.5
		基于曲率图的配准算法	0.0244	6.2
		基于局部不变量的配准算法	0.0233	5.7
		本章算法	0.0207	4.9

　　从图 7.3、图 7.4 和表 7.1 的配准结果可见，本章的点云数据模型配准算法可以有效实现公共点云数据模型的精配准，比已有配准算法在配准精度和耗时等方面均有明显优势。与基于关键点的配准算法相比，本章算法的配准精度提高了约 21%，耗时缩短了约 24%；与基于曲率图的配准算法相比，本章算法的配准精度提高了约 17%，耗时缩短了约 20%；与基于局部不变量的配准算法相比，本章算法的配准精度提高了约 12%，耗时缩短了约 15%。

7.4.2　文物碎片点云数据模型配准

　　将本章点云数据模型配准算法用于文物碎片的配准中，4 组待配准碎片的点云数据模型如图 7.5 所示。首先采用刚体碎片断裂面提取算法[16]分割出文物碎片的断裂面，然后采用基于关键点的配准算法、基于曲率图的配准算法、基于局部不变量的配准算法和本章算法对 4 组文物碎片点云数据模型分别进行配准，结果如图 7.6～图 7.9 和表 7.2 所示。其中，表 7.2 中的耗时不含文物碎片断裂面的提取时间。

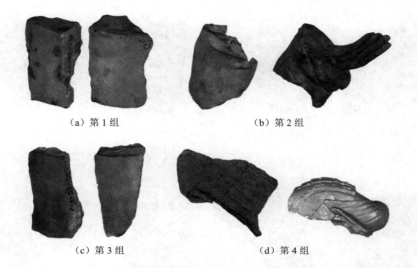

（a）第 1 组　　　　　　　　（b）第 2 组

（c）第 3 组　　　　　　　　（d）第 4 组

图 7.5　待配准文物碎片点云数据模型

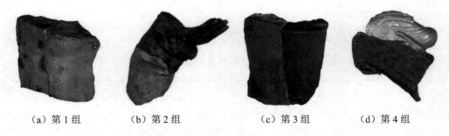

（a）第 1 组　　（b）第 2 组　　（c）第 3 组　　（d）第 4 组

图 7.6　基于关键点的配准算法对文物碎片点云数据模型的配准结果

（a）第 1 组　　（b）第 2 组　　（c）第 3 组　　（d）第 4 组

图 7.7　基于曲率图的配准算法对文物碎片点云数据模型的配准结果

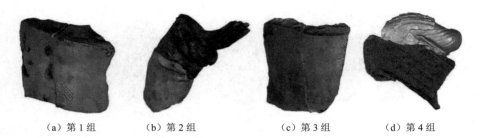

(a) 第1组　　　　(b) 第2组　　　　(c) 第3组　　　　(d) 第4组

图 7.8　基于局部不变量的配准算法对文物碎片点云数据模型的配准结果

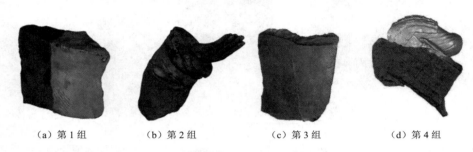

(a) 第1组　　　　(b) 第2组　　　　(c) 第3组　　　　(d) 第4组

图 7.9　本章算法对文物碎片点云数据模型的配准结果

表 7.2　4 种算法对文物碎片点云数据模型的配准运行参数

文物碎片点云数据模型	点云数目（左，右）/个	断裂面数（左，右）/个	配准算法	配准误差 /mm	耗时 /s
第 1 组	33015, 32198	4, 4	基于关键点的配准算法	0.0255	36.2
			基于曲率图的配准算法	0.0241	35.7
			基于局部不变量的配准算法	0.0236	30.5
			本章算法	0.0215	25.8
第 2 组	32199, 38274	2, 1	基于关键点的配准算法	0.0285	39.5
			基于曲率图的配准算法	0.0272	38.7
			基于局部不变量的配准算法	0.0265	33.4
			本章算法	0.0240	29.6
第 3 组	31792, 33217	4, 3	基于关键点的配准算法	0.0257	35.3
			基于曲率图的配准算法	0.0244	34.9
			基于局部不变量的配准算法	0.0240	29.4
			本章算法	0.0221	25.7

文物碎片点云数据模型	点云数目（左，右）/个	断裂面数（左，右）/个	配准算法	配准误差/mm	耗时/s
第 4 组	76573, 69211	4, 2	基于关键点的配准算法	0.0299	42.0
			基于曲率图的配准算法	0.0285	41.1
			基于局部不变量的配准算法	0.0266	36.3
			本章算法	0.0237	32.7

从图 7.6～图 7.9 和表 7.2 的配准结果可见，基于特征点和改进 ICP 的点云配准算法可以有效实现文物碎片断裂面的精配准，比已有算法在配准精度和耗时等方面均有明显优势。与基于关键点的配准算法相比，本章算法的配准精度提高了约 20%，耗时缩短了约 40%；与基于曲率图的配准算法相比，本章算法的配准精度提高了约 15%，耗时缩短了约 25%；与基于局部不变量的配准算法相比，本章算法的配准精度提高了约 12%，耗时缩短了约 10%。

将本章算法和已有配准算法应用于公共点云数据模型配准和文物碎片断裂面配准，实验结果表明本章算法是一种有效的点云数据模型配准算法。这是由于基于关键点的配准算法根据关键点之间的角度和距离表示的几何关系对关键点进行配准以实现点云粗配准，精配准直接使用 ICP 算法实现，因此整体配准精度和速度不高；基于曲率图的配准算法通过将三维点云投影为二维图形实现特征描述，配准耗时较长，且采用的基于动态迭代系数的 ICP 算法对精配准精度的提高不大；基于局部不变量的配准算法通过提取和聚簇特征点实现点云配准，可以在一定程度上提高点云配准的精度，但是在计算点集的固有相似性时耗时较长，并且需要不断对点云质心的位置参数进行调整，因此配准效率还有待提高；而本章算法不仅可以在粗配准阶段提高点云配准精度，降低配准规模，而且还可以在精配准阶段进一步提高时间效率，降低配准误差。

7.5　本章小结

点云配准是点云处理的一个重要研究内容，目前已涉及医学研究、文物虚拟复原及土木工程等诸多领域。本章针对已有点云配准算法对杂乱点云的配准精度较低、耗时较长或需要调节较多参数的问题，提出了一种基于特征点和改进 ICP 的点云配准算法。该算法采用由粗到精的层次化方式实现点云配准，粗配准采用基于特征点的算法实现，精配准采用基于 PCA 的 ICP 算法实现。通过提取特征点集不仅可以有效降低点云配准的规模，而且可以显著提高点云配准的时间效率和配准精度。但是，基于特征点和改进 ICP 的点云配准算法没有考虑低覆盖率对配准结果的影响，使用的数据模型的覆盖率均在 60%以上。因此，今后要继续研究更加通用的点云配准算法，着重提高低覆盖点云的配准精度和时间效率，以扩大点云配准的应用范围。

本章参考文献

[1]   BESL P J, MCKAY N D. Method for registration of 3-D shapes[J]. IEEE Transactions on Pattern Analysis & Machine Intelligence, 1992, 14(2): 239-256.

[2]   任荣荣，周明全，耿国华，等. 三维颅骨形态量化表示与非线性性别判定[J]. 北京师范大学学报（自然科学版），2017，53（1）：19-23.

[3]   RUSINKIEWICZ S. A symmetric objective function for ICP[J]. ACM Transactions on Graphics, 2019, 38(4): 1-7.

[4]   YING W J, SUN S Y. An improved monte carlo localization using optimized iterative closest point for mobile robots[J]. Cognitive Computation and Systems, 2022, 4(1): 20-30.

[5]   张金艺，梁滨，唐笛恺，等. 粗匹配和局部尺度压缩搜索下的快速 ICP-SLAM[J]. 智能系统学报，2017，12（3）：413-421.

[6]   CHARPENTIER A, MUSSARD S, OURAGA T. Principal component analysis: A generalized Gini approach[J]. European Journal of Operational Research, 2021, 294(1): 236-249.

[7]   许子微，陈秀宏. 自步稀疏最优均值主成分分析[J]. 智能系统学报，2021，16（3）：416-424.

[8]　SUNGWOON K, INKANG K. Simplicial volume, barycenter method, and bounded cohomology[J]. Mathematische Annalen, 2020, 377(1): 555-616.

[9]　KAZUHIRO H, CELIA A, MATTHIEN N, et al. Gravity center estimation for evaluation of standing whole body compensation using virtual barycentremetry based on biplanar slot-scanning stereoradiography-validation by simultaneous force plate measurement[J]. BMC Musculoskeletal Disorders, 2022, 23(1): 22-33.

[10]　TRUNG V, EVGENIA C, RAVIV R. Perturbation expansions and error bounds for the truncated singular value decomposition[J]. Linear Algebra and Its Applications, 2021, 627: 94-139.

[11]　JIANG J K, ZHANG Q, XIN X J, et al. Blind modulation format identification based on principal component analysis and singular value decomposition[J]. Electronics, 2022, 11(4): 612-627.

[12]　RAJANI D, KUMAR P R. An optimized hybrid algorithm for blind watermarking scheme using singular value decomposition in RDWT-DCT domain[J]. Journal of Applied Security Research, 2022, 17(1): 103-122.

[13]　KUCAK R A, EROL S, EROL B. An experimental study of a new keypoint matching algorithm for automatic point cloud registration[J]. ISPRS International Journal of Geo-Information, 2021, 10(4): 204-216.

[14]　YANG W, ZHOU M Q, GUO B, et al. Skull point cloud registration method based on curvature graph [J]. Journal of Optics, 2020, 40(16): 1-11.

[15]　WANG Y B, XIAO J, LIU L P, et al. Efficient rock mass point cloud registration based on local invariants[J]. Remote Sensing, 2021, 13(8): 1540-1548.

[16]　赵夫群. 基于多特征的兵马俑断裂面匹配方法研究[D]. 西安：西北大学, 2019.

第 **8** 章

基于特征区域划分的点云配准算法

8.1 引言

与无特征的点云配准算法相比，基于特征的点云配准算法的应用更为广泛。其中，点特征、线特征、法线和曲率特征等都是常用的配准特征。例如，J. L. Ouyang 等[1]利用高斯函数差分（Difference of Gaussian，DOG）提取特征点，实现基于点特征的点云配准；M. I. Patel 等[2]提出了一种基于 SURH 的点云配准算法，有效提高了配准速度；张海啸等[3]通过提取平面特征数据实现了点云自动配准，可以有效减少人工干预并提高了检校精度；廖梦怡等[4]利用投影角点检测算法实现点云配准，可以有效消除点云中的伪角点；王刚等[5]结合点云数据模型和梯度峰值的对应关系，提出了一种基于自动提取对角线符号的点云配准算法，提高了拐角检测的健壮性；王永波等[6]在直线特征约束条件下，实现了 Lidar 点云没有初始值的配准；J. Xu 等[7]提出了一种基于几何特征向量的点云配准算法，可以有效缩短耗时，提高算法的健壮性和可靠性。

虽然以上算法实现了有效的点云配准，但是由于受到固有实现方式的影响，仍存在一定问题，如配准精度低、算法收敛速度慢、配准效率不高；约束条件过于严格，容易造成局部最佳配准；在配准过程中，花费大量时间在无用的配准上；重叠比例较低和重叠区域特征不明显。鉴于此，本章提出了一种基于特征区域划分的点云配准算法，通过计算法向量特征获取点云特征点，并对特征点集进行区域划分以降低配准规模、提高点云区域的重叠率，从而达到点云快速精配准的目的，提高低重叠点云的配准效果。

8.2　特征点提取

直接对整个点云进行配准不能有效解决低重叠点云配准的局限性，因此这里通过提取点云中的特征点并对其进行区域划分的方式，来提高低重叠点云配准的配准精度和速度。与海量的点云数据量相比，点云中特征点的数量相对较少，区域特征点集的数据量也就相应减少更多，因此后续求解组合系数和刚体变换等操作的效率也就会大大提高。

通过计算法向量特征的方式提取特征点。对于点云 P 中的任意一点 p，以 p 为圆心、r 为半径的球形区域内的点来构建协方差矩阵 C，并求解该协方差矩阵 C 的特征向量和特征值，其中最小特征值对应的特征向量就是点 p 的法向量。

构建点 p 及其邻域内点的协方差矩阵 C 为

$$C = \frac{1}{m}\sum_{i=1}^{m}(p_i - \overline{p}) \cdot (p_i - \overline{p})^{\mathrm{T}} \tag{8.1}$$

$$C \times v_j = \lambda_j \cdot v_j, j = 1,2,3 \tag{8.2}$$

式中，m 表示以 p 为圆心、r 为半径的邻域内的点数；$\overline{p}$ 表示该邻域的质心；p_i 表示 p 邻域内的点；λ_j 表示协方差矩阵 C 的特征值；v_j 表示特征值 λ_j 对应的特征向量。当特征值取最小值时，将其所对应的特征向量作为点 p 在该邻域下的法向量 n。

假设点 p 在半径 r_1 和 r_2（$r_1 \neq r_2$）邻域内的法向量分别为 n_1 和 n_2。由于在不同的半径下邻域曲面的变化程度不同，因此两个法向量 n_1 和 n_2 之间必然存在角度偏差，且角度偏差越大，表示曲面变化越剧烈。通过计算两个法向量 n_1 和 n_2 间夹角余弦来设定阈值 ε_1，以提取特征点，即

$$\frac{n_1 \cdot n_2}{|n_1| \cdot |n_2|} < \varepsilon_1 \tag{8.3}$$

对配准点云 P 和 Q，假设利用上述特征点提取方法对其进行特征点提取，

得到的特征点集分别为 $\boldsymbol{P}'$ 和 $\boldsymbol{Q}'$ 。接下来对特征点集 $\boldsymbol{P}'$ 和 $\boldsymbol{Q}'$ 进行区域划分，为后续区域配准提供数据基础。

8.3　基于区域划分的粗配准

8.3.1　特征点区域划分

这里以基于欧氏距离的 Voronoi 图[8]作为特征点集的区域划分依据。以特征点集 $\boldsymbol{P}'$ 为例，计算其中任意一点 $\boldsymbol{p}'$ 基于欧氏距离的 Voronoi 图，将特征点集 $\boldsymbol{P}'$ 划分成一系列互不相交的区域 $\{\boldsymbol{U}_i\}_{i=1}^M$，$M$ 表示特征点集 $\boldsymbol{P}'$ 的区域划分数目。

采用同样方法，将特征点集 $\boldsymbol{Q}'$ 也可以划分成一系列互不相交的区域，记为 $\{\boldsymbol{V}_j\}_{j=1}^N$，$N$ 表示特征点集 $\boldsymbol{Q}'$ 的区域划分数目。在实际应用中，通常将区域划分数目设置为 1～20 个。通常，物体的形状特征越复杂，点云重叠比例越低，区域划分数目也就越大。当区域划分数目等于 1 时，点云区域配准就退化为一个全局配准问题。

8.3.2　区域配准

通过对特征点集 $\boldsymbol{P}'$ 和 $\boldsymbol{Q}'$ 进行区域划分，得到两个相应的区域划分集合 $\{\boldsymbol{U}_i\}_{i=1}^M$ 和 $\{\boldsymbol{V}_j\}_{j=1}^N$，接下来采用 4PCS 算法[9]对区域 $\boldsymbol{U}_i$ 和 $\boldsymbol{V}_j$ 进行两两配准，以实现点云的粗配准。假设区域配准后得到的一系列刚体变换为 $\{\boldsymbol{T}_i\}_{i=1}^{MN}$，可将其线性组合为

$$\boldsymbol{T}=\{\boldsymbol{T}_i\}_{i=1}^L=\frac{\sum_{i=1}^L \omega_i \boldsymbol{T}_i}{\sum_{i=1}^L \omega_i} \tag{8.4}$$

式中，$L=MN$，ω_i 表示线性组合系数，$i=1,2,\cdots,L$ 。

在理想情况下，ω_i 的非零元素集合所对应的区域配准程度会比较高，所对

应的刚体变换与真实刚体变换是最接近的。线性组合系数 ω_i 通过最大化能量函数 $E(\boldsymbol{\omega})$ 来计算，计算式为

$$
\begin{cases}
E(\boldsymbol{\omega}) = \displaystyle\sum_{i=1}^{L}\sum_{j=1}^{L}\omega_i\omega_j c_1(\boldsymbol{T}_i,\boldsymbol{T}_j)c_2(\boldsymbol{T}_i,\boldsymbol{T}_j) \\
\displaystyle\sum_{i=1}^{L}\omega_i^2 = 1, \quad \omega_i \geqslant 0
\end{cases}
\tag{8.5}
$$

式中，$\boldsymbol{\omega} = \{\omega_i\}_{i=1}^{L}$ 表示待求解的组合系数；$c_1(\boldsymbol{T}_i,\boldsymbol{T}_j)$ 表示可信性信息，表示它们是真实全局刚体变换的可能性，定义为 $c_1(\boldsymbol{T}_i,\boldsymbol{T}_j) = \phi_i\phi_j$，$\phi_i$ 表示两个区域的配准程度。通常，可信性信息 $c_1(\boldsymbol{T}_i,\boldsymbol{T}_j)$ 越大，刚体变换 $\boldsymbol{T}_i$ 和 $\boldsymbol{T}_j$ 是真实全局刚体变换的可能性就越大。而一致性信息 $c_2(\boldsymbol{T}_i,\boldsymbol{T}_j)$ 则反映了刚体变换 $\boldsymbol{T}_i$ 和 $\boldsymbol{T}_j$ 的相似性，当刚体变换 $\boldsymbol{T}_i$ 和 $\boldsymbol{T}_j$ 接近时，$c_2(\boldsymbol{T}_i,\boldsymbol{T}_j)$ 就比较大。定义 $c_2(\boldsymbol{T}_i,\boldsymbol{T}_j)$ 为

$$
c_2(\boldsymbol{T}_i,\boldsymbol{T}_j) = \exp\left(-\frac{d(\boldsymbol{T}_i,\boldsymbol{T}_j)}{\sigma^2}\right)
\tag{8.6}
$$

式中，参数 σ 是一个大于 0 的实数，用来控制可信性和一致性信息的相对重要程度。

参数 σ 的值越大，一致性信息所起的作用就越大。当点云重叠区域较小并且重叠区域内的特征比较明显时，需要依靠该特征区域来恢复全局变换，σ 的取值应该较小；反之，σ 的取值应该较大。在实际实验中，配准结果对 σ 的取值默认设置为 1.0 即可。$d(\boldsymbol{T}_i,\boldsymbol{T}_j)$ 表示刚体变换 $\boldsymbol{T}_i$ 和 $\boldsymbol{T}_j$ 的距离，采用标准化的欧氏距离计算，即

$$
d(\boldsymbol{T}_i,\boldsymbol{T}_j) = \sqrt{\sum_{k=1}^{3}\frac{\left(\theta_k^i - \theta_k^j\right)^2}{\sigma_{\theta_k}^2} + \sum_{k=1}^{3}\frac{\left(t_k^i - t_k^j\right)^2}{\sigma_{t_k}^2}}
\tag{8.7}
$$

式中，θ_k^i 表示刚体变换 $\boldsymbol{T}_i$ 3 个绕坐标轴旋转的角度；t_k^i 表示刚体变换 $\boldsymbol{T}_i$ 3 个沿坐标轴方向的偏移量；σ_{θ_k} 表示旋转角度的标准差；σ_{t_k} 表示偏移量的标准差，$k = 1,2,3$。

接下来构造信息矩阵 $\boldsymbol{A}$，其中 $A_{ij} = c_1(\boldsymbol{T}_i,\boldsymbol{T}_j)c_2(\boldsymbol{T}_i,\boldsymbol{T}_j)$，那么式（8.5）可以转化为

$$
\begin{cases}
E(\boldsymbol{\omega}) = \boldsymbol{\omega}^{\mathrm{T}}\boldsymbol{A}\boldsymbol{\omega} \\
\|\boldsymbol{\omega}\|_2 = 1, \quad \boldsymbol{\omega} \geqslant 0
\end{cases}
\tag{8.8}
$$

由于矩阵 $\boldsymbol{A}$ 是对称的，其最大特征值所对应的特征向量是 $\boldsymbol{\omega}$，最大化能量

函数为 $E(\omega)$。根据 Perron-Frobenius 定理[10]，ω 的所有分量具有相同的符号，因此可以选择合适的 ω 使得它的各个分量都是正数，那么该 ω 就是需要求解的最优组合系数。

刚体变换 T 可分解为一个 3×3 旋转矩阵 R 和一个 3×1 平移向量 t。对于平移向量 t，直接平移计算即可。而对于旋转矩阵 R，这里采用四元数法[11]计算，计算式为

$$R = \begin{pmatrix} q_0^2 + q_1^2 - q_2^2 - q_3^2 & 2(q_1q_2 - q_0q_3) & 2(q_1q_3 + q_0q_2) \\ 2(q_1q_2 + q_0q_3) & q_0^2 + q_2^2 - q_1^2 - q_3^2 & 2(q_2q_3 - q_0q_1) \\ 2(q_1q_3 - q_0q_2) & 2(q_2q_3 + q_0q_1) & q_0^2 + q_3^2 - q_1^2 - q_2^2 \end{pmatrix} \qquad (8.9)$$

式中，$q_0 \geqslant 0$，$q_0^2 + q_1^2 + q_2^2 + q_3^2 = 1$。可以通过求解下面的约束优化问题得到 R 为

$$\begin{cases} \min\limits_{q_0, q_1, q_2, q_3} \| R^* - R \|_F^2 \\ q_0 \geqslant 0, \ q_0^2 + q_1^2 + q_2^2 + q_3^2 = 1 \end{cases} \qquad (8.10)$$

通过计算旋转矩阵 R 和平移向量 t 即可求得刚体变换 T，实现特征点集 P' 和 Q' 的粗配准。最后，采用一种基于阈值约束的改进 ICP 算法实现点云精配准。

8.4 基于阈值约束 ICP 的精配准

ICP 算法通过不断迭代来求解两组点云之间的刚体变换，即利用搜索最近邻域点的方法得到配准点对，每次迭代都会求解点云变换矩阵，使得通过该矩阵变换得到的点云与目标点对之间空间距离最小[12]。该算法是一种无特征的全局点云配准算法，具有较高的配准精度，但是要求待配准点云存在包含关系，且初始位置与真实配准位置比较接近，算法耗时较长。鉴于此，本节采用一种基于阈值约束的 ICP 算法[13]将特征点集 P' 和 Q' 进行进一步配准。

采用该基于阈值约束的 ICP 算法对 P' 和 Q' 进行精配准的具体步骤如下：

（1）设置初值：旋转矩阵 R'_0，平移向量 t'_0，迭代次数 $k=1$。

（2）计算目标函数 F_k，计算式为

$$F_k = \sum_{i=1}^{M} \| R'_k P'^{k-1}_i + t'_k - Q'_i \| \qquad (8.11)$$

式中，$\boldsymbol{R}_k'$ 表示第 k 次的旋转矩阵；$\boldsymbol{t}_k'$ 表示第 k 次的平移向量；$\boldsymbol{P}_i'^{k-1}$ 表示第 k 次变换前的目标特征点集；$\boldsymbol{Q}_i'$ 表示参考特征点集。

（3）利用 K-D 树算法[14]搜索点云中点的最近邻域点，从而得出参考特征点集 $\boldsymbol{Q}_i'$ 和目标特征点集 $\boldsymbol{P}_i'^{k-1}$ 中距离最近的对应点。

（4）计算第 i 个配准点对的欧氏距离 d_i^k 和欧氏距离偏差 Δd_i^k，其计算式分别为

$$d_i^k = \| \boldsymbol{Q}_i' - \boldsymbol{P}_i'^{k-1} \| \qquad (8.12)$$
$$\Delta d_i^k = \max(d_i^k) - \min(d_i^k) \qquad (8.13)$$

式中，$\max(d_i^k)$ 表示最大偏差；$\min(d_i^k)$ 表示最小偏差，$i = 1, 2, \cdots, M$。

（5）令 $j = 0$，设置欧氏距离初始阈值为 $d_{k0} = \dfrac{\Delta d_i^k}{2} + \min(d_i^k)$，统计欧氏距离偏差值小于 d_{kj} 的点的数目 count。

（6）判断 count 的值，若 count $\geqslant 0.8M$，则删除不满足条件的点，转至步骤（7），否则令 $j = j + 1$，$d_{kj} = d_{kj-1} + \dfrac{\max(d_i^k) - \Delta d_i^k}{2}$，转至步骤（5）。

（7）将此时的参考特征点集 $\boldsymbol{Q}_i'$ 和目标特征点集 $\boldsymbol{P}_i'^{k-1}$ 代入式（8.11），并利用奇异值分解[15]使目标函数 F_k 最小，求得此时的旋转矩阵 $\boldsymbol{R}_k'$ 和平移向量 $\boldsymbol{t}_k'$。

（8）判断若 $|F_k - F_{k-1}| < \varepsilon$，则停止迭代，否则转步骤（3），其中 $\varepsilon > 0$ 是一个预设的阈值。

采用该基于阈值约束的 ICP 算法即可实现特征点集 $\boldsymbol{P}'$ 和 $\boldsymbol{Q}'$ 的精配准，从而实现点云 $\boldsymbol{P}$ 和 $\boldsymbol{Q}$ 的最终配准。

8.5　实验结果与分析

实验采用网络上公开的 Bunny、Dragon 和 Armadillo 点云数据模型来验证基于特征点区域划分的点云配准算法，并对 3 组点云进行了一定简化。其中，两个 Bunny 点云的重叠率为 90%，两个 Dragon 点云的重叠率为 60%，两个 Armadillo 点云的重叠率为 30%。首先，提取特征点并对其进行区域划分，并采用 4PCS 算法进行区域配准，从而实现点云粗配准；然后采用基于阈值约束的 ICP 算法将特征点集进行精配准，从而实现点云精配准。该算法对 Bunny、

Dragon 和 Armadillo 点云数据模型的配准结果分别如图 8.1～图 8.3 所示。

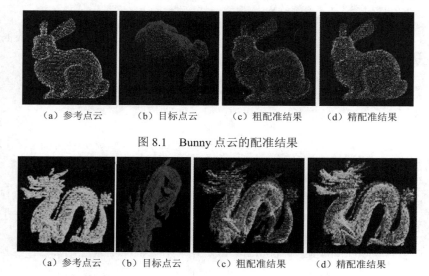

（a）参考点云　　（b）目标点云　　（c）粗配准结果　　（d）精配准结果

图 8.1　Bunny 点云的配准结果

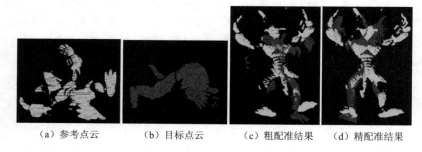

（a）参考点云　　（b）目标点云　　（c）粗配准结果　　（d）精配准结果

图 8.2　Dragon 点云的配准结果

（a）参考点云　　（b）目标点云　　（c）粗配准结果　　（d）精配准结果

图 8.3　Armadillo 点云的配准结果

从图 8.1～图 8.3 的配准结果可见，基于特征区域划分的点云配准算法通过提取特征点，并将特征点集进行区域划分和配准，可以实现点云的粗配准，再利用基于阈值约束的 ICP 算法可实现点云的最终精配准。

为了进一步验证基于特征点区域划分的点云配准算法的性能，对于图 8.1～图 8.3 的 3 组目标点云和参考点云，再分别采用 ICP 算法、基于 X 射线层成像数据的配准算法[16]、基于距离误差评价 ICP 的配准算法[17]、基于遗传算法（Geneticalgorithm，GA）和 ICP 的配准算法[18]及本章算法进行配准，配准结果（包括配准误差、耗时）如表 8.1 所示。

表8.1　5种算法的点云数据模型配准结果

点云分组	点云数目 （左，右）/个	配准算法	配准误差/mm	耗时/s
Bunny	30636, 30017	ICP 算法	0.0287	6.2
		基于 X 射线层成像数据的配准算法	0.0245	5.6
		基于距离误差评价 ICP 的配准算法	0.0242	5.4
		基于 GA 和 ICP 的配准算法	0.0207	5.1
		本章算法	0.0162	4.5
Dragon	31762, 17421	ICP 算法	0.0325	7.4
		基于 X 射线层成像数据的配准算法	0.0267	6.6
		基于距离误差评价 ICP 的配准算法	0.0263	6.1
		基于 GA 和 ICP 的配准算法	0.0221	5.6
		本章算法	0.0176	4.9
Armadillo	36461, 28923	ICP 算法	0.0364	8.5
		基于 X 射线层成像数据的配准算法	0.0301	7.6
		基于距离误差评价 ICP 的配准算法	0.0295	7.0
		基于 GA 和 ICP 的配准算法	0.0243	6.2
		本章算法	0.0198	5.6

从表 8.1 可见，基于特征点区域划分的配准算法具有最高的配准精度、最快的配准速度。与 ICP 算法、基于 X 射线层成像数据的配准算法、基于距离误差评价 ICP 的配准算法及基于 GA 和 ICP 的配准算法相比，本章算法的配准精度分别提高了约 44%、34%、33%及 22%，耗时分别缩短了约 27%、20%、17%及 12%。 这是由于 ICP 算法对点云的初始位置要求较高，并且要求点云间存在包含关系，因此配准效果不佳；基于 X 射线层成像数据的配准算法利用轮廓特征进行配准，但是对轮廓特征破损严重点云的配准效果不佳；基于距离误差评价 ICP 的配准算法可以实现高密度点云的有效配准，但是对低重叠率点云的配准并无明显优势；基于 GA 和 ICP 的配准算法利用最大归一化配准分数配准模型实现配准，可以解决依赖初始解和陷入局部最优的缺点，但是不能提高低重叠点云的局部重叠率，对重叠率较低点云的配准效果不佳；而本章提出的基于特征点区域划分的配准算法不仅通过提取特征点大大降低了点云配准的规模，提高了配准速度，而且通过区域划分大大提高了区域点云的重叠率，有效提高了低重叠点云的配准精度。由此可见，基于特征点区域划分的配准算法是一种快速精确的点云配准算法，尤其对低重叠率点云具有良好的配准结果。

8.6 本章小结

　　由于现有的三维点云配准算法大多直接在整体范围内配准，不能有效解决重叠比例较低点云的配准问题，因此提出了基于特征区域划分的配准算法。首先通过构造特征点局部区域的法向量特征，获得两点云数据的特征点及特征点集；然后将提取的特征点集划分为多个区域，并进行区域配准实现点云的粗配准；最后采用基于阈值约束的 ICP 算法实现进一步的精配准。该算法不仅可以降低点云的配准规模，而且可以有效改善特征区域的重叠范围，提高配准的时间效率和精度。但是，算法中没有考虑大量噪声对配准结果的影响，实验数据均为低噪声点云，因此在今后要继续研究更加通用的点云配准算法，着重加强噪声和点云密度对点云配准的影响，以扩大点云配准的应用范围。

本章参考文献

[1] OUYANG J L, LIU Y Z, SHU H Z. Robust hashing for image authentication using SIFT feature and quaternion zernike moments[J]. Multimedia Tools and Applications, 2016, 76(2): 2609-2626.

[2] PATEL M I, THAKAR V K, SHAH S K. Image registration of satellite images with varying illumination level using HOG descriptor based SURH[J]. Procedia Computer Science, 2016, 93: 382-388.

[3] 张海啸，钟若飞，孙海丽. 顾及平面特征的车载激光扫描系统外参数标定法[J]. 测绘学报，2018，47（12）：1640-1649.

[4] 廖梦怡，陈靓影，徐如意，等. 灰度值星型辐射投影角点检测算法[J]. 计算机辅助设计与图形学学报，2018，30（11）：2141-2149.

[5] 王刚，施忠臣，尚洋，等. 结合模板匹配和梯度峰值的对角标志自动提取方法[J]. 光学学报，2018，38（8）：156-163.

[6]　王永波，汪云甲，佘雯雯，等. 直线特征约束下利用 Plücker 坐标描述的 Lidar 点云无初值配准方法[J]. 武汉大学学报（信息科学版），2018，43（9）：1376-1384.

[7]　XU J, CHEN R, CHEN H. Fast registration methodology for fastener assembly of large-scale structure[J]. IEEE Transactions on Industrial Electronics, 2017, 64(1): 717-726.

[8]　刘青平，赵学胜，王磊，等. 横 G 纵扫描的 Voronoi 图栅格生成算法[J]. 测绘学报，2019，48（3）：393-399.

[9]　MELLADO N, AIGER D, NILOY J, et al. Super 4PCS fast global point cloud registration via smart indexing[J]. Computer Graphics Forum, 2014, 33(5): 205-215.

[10]　HÜTTNER A, MAI J F. Simulating realistic correlation matrices for financial applications: correlation matrices with the Perron-Frobenius property[J]. Journal of Statistical Computation and Simulation, 2019, 89(2): 315-336.

[11]　JESÚS N M, ROSA M F A, JOSÉ D J L, et al. Widely linear estimation for multisensor quaternion systems with mixed uncertainties in the observations[J]. Journal of the Franklin Institute, 2019, 356(5): 3115-3138.

[12]　BESL P J, MCKAY N D. A method for registration of 3-D shapes[J]. IEEE Transaction on Pattern Analysis and machine Intelligence, 1992, 14(2): 239-256.

[13]　石爱军，白瑞林，田青华，等. 遗传算法结合自适应阈值约束的 ICP 算法[J]. 光学技术，2018，44（1）：63-68.

[14]　林祥国，黄择祥. 利用 KD-树剔除机载雷达点云粗差的方法研究[J]. 测绘科学，2015，40（11）：79-84.

[15]　VINCENT G, DEREK B, ARNAUD G, et al. A constrained singular value decomposition method that integrates sparsity and orthogonality[J]. PloS One, 2019, 14(3): 32-45.

[16]　史颖，王文剑，白雪飞. 多特征三维稠密重建方法[J]. 计算机科学与探索，2015，9（5）：594-603.

[17]　WU M, WANG J. Registration of point cloud data for matching crushed sand particles[J]. Powder Technology, 2019, 347(10): 227-242.

[18]　闫利，谭骏祥，刘华，等. 融合遗传算法和 ICP 的地面与车载激光点云配准[J]. 测绘学报，2018，47（4）：528-536.

第 9 章

基于降维多尺度 FPFH 和改进 ICP 的点云配准算法

9.1　引言

点特征直方图（Point Feature Histogram，PFH）是点云的一种局部特征，具有姿态不变性，它通过对源点云及其邻域点的空间差异进行参数化，来获取点云曲面的特征变化，并构造多维直方图来实现点云邻域的几何属性描述[1]。PFH可以提供可度量的信息，具有良好的健壮性和抗噪能力。但是在点云密集的情况下，会存在大量重复的邻域点计算，计算效率相对较低。

鉴于此，本章提出了一种基于降维多尺度快速点特征直方图（Fast Point Feature Histogram，FPFH）[2]和改进 ICP 的点云配准算法。该算法采用层次化方式实现点云配准，首先计算点云的多尺度 FPFH 特征并对其进行降维处理，然后通过对降维多尺度 FPFH 值的相似性判断实现粗配准，最后利用一种基于 K-D 树的 ICP 算法实现精配准。

9.2　降维多尺度 FPFH

9.2.1　FPFH 的原理

FPFH 在进行特征提取时，不再计算邻域点之间的法向量夹角三元组，而是扩大法向量夹角三元组的获取范围，考虑邻域点的邻域点，并赋予基于欧氏距离的权重以保证特征表示的精度，同时提高算法的时间效率。

FPFH 的具体计算步骤如下：

（1）构建源点云邻域：以点云 P 中某一点 p 为球心，确定其邻域半径 r，绘制球形邻域，即可得到以点 p 为球心的邻域点集 P_k。

（2）对邻域点个数 k 进行约束，确保 $k < 8$。

（3）对球心点 p 及其邻域点 $p_k \in P_k$ 的特征进行描述：在法向量与距离向量的基础上定义局部坐标轴，获得球心点 p 及其与每个邻域点 p_k 之间的法向量夹角三元组 $[\alpha_k, \phi_k, \theta_k]$，并将所有三元组构建成 p 的一个多维特征，记作 SPFH。

法向量夹角三元组 $[\alpha_k, \phi_k, \theta_k]$ 中各参数的计算式分别为

$$\alpha_k = v \cdot \boldsymbol{n}_k \tag{9.1}$$

$$\phi_k = u \cdot \overline{\boldsymbol{pp}_k} \tag{9.2}$$

$$\theta_k = \arctan(w \cdot \boldsymbol{n}_k, u \cdot \boldsymbol{n}_k) \tag{9.3}$$

式中，u、v、w 表示在法向量和距离向量的基础上定义的局部坐标轴；$\boldsymbol{n}_k$ 表示邻域点 p_k 的法线；$\overline{\boldsymbol{pp}_k}$ 表示点 p 到点 p_k 的距离向量。

（4）分别以点集 P_k 中的每个邻域点 p_k 为球心，确定其邻域半径，绘制球形邻域，按照步骤（2）～（3）的方法计算 p_k 的 SPFH。

（5）对点 p 及其邻域点 p_k 的各 SPFH 进行加权统计，即可得到点 p 的 FPFH 特征描述子 FPFH$(\boldsymbol{p})$，计算式为

$$\text{FPFH}(\boldsymbol{p}) = \text{SPFH}(\boldsymbol{p}) + \frac{1}{k}\sum_{i=1}^{k}\frac{1}{\omega_k}\text{SPFH}(\boldsymbol{p}_k) \tag{9.4}$$

式中，FPFH() 表示该点的 FPFH 值；SPFH() 表示该点的 SPFH 值；k 表示球

心点 P 的邻域点数目；ω_k 表示球心点到其某个邻域点的欧氏距离。

FPFH 采用点特征直方图描述了局部点云的区域特征，从低维度进行特征提取，保留了点云的大部分关键点，特征判别能力较好。但是，局部领域内点云的单特征容易导致点云面特征信息不完整、计算量冗余等问题，因此本章提出了一种多尺度 FPFH 特征描述子来解决该问题。

9.2.2　多尺度 FPFH

多尺度 FPFH 特征描述子基于 FPFH 的计算方法，利用多尺度进行综合考量多环法线夹角的变化，可以描述点云表面或弯曲或平缓的形状特征。

多尺度 FPFH 特征描述子的具体计算步骤如下：

（1）计算源点云 P 中的任意一点 p 与其最近邻域点的欧氏距离的平均值 d，以 $2d$ 为邻域半径，采用式（9.4）计算以点 p 为球心的 FPFH 值。

（2）根据点云 P 中的点与球心点 P 的距离，将点云 P 划分 a 个环球尺度，每隔一个距离 d 划分为一个尺度，计算每个环球尺度内点的平均值 $\overline{\mathrm{FPFH}_i}$，$i=1,2,\cdots,a$。

（3）提取相邻尺度之间 $\overline{\mathrm{FPFH}_i}$ 的欧氏距离，并将其标准偏差 σ 作为多尺度下的特征值。

（4）判断 σ 的值，若 σ 小于预置阈值 σ_τ，则将球心点 P 作为点云的关键点，即多尺度特征点，否则就不是多尺度特征点。

（5）重复步骤（1）～步骤（4），直至点云 P 中所有的点都被考察完为止，从而得到点云 P 的所有尺度特征点。

多尺度 FPFH 特征描述子是对各个方位上平面曲度变化趋势的综合考量，能够表达关键点周围的点云形状。多尺度 FPFH 在多个尺度邻域下计算 σ，可以反映点云全局特征的变化情况，降低点云规模对特征提取的不良影响。

9.2.3　多尺度 FPFH 的降维

当点云规模较大、分布密集时，采用多尺度 FPFH 提取的尺度特征点可能会出现不同环球尺度内点云特征差异不明显的情况，从而导致配准错误的点对数量增多，降低点云配准的精度。为了去除该部分特征点，这里采用 PCA

算法[3]筛选尺度特征点的主成分向量，对多尺度 FPFH 进行降维处理。

对于点云 P 的多尺度 FPFH 值，采用 PCA 对其降维的具体步骤如下：

（1）首先计算点云 P 中所有尺度特征点的 3 个法向量夹角参数的平均值 $\bar{\alpha}$、$\bar{\theta}$ 和 $\bar{\phi}$。

（2）用每个法向量夹角减去均值得到矩阵 X，即

$$X = \begin{bmatrix} \alpha_1 - \bar{\alpha} & \theta_1 - \bar{\theta} & \phi_1 - \bar{\phi} \\ \vdots & \vdots & \vdots \\ \alpha_n - \bar{\alpha} & \theta_n - \bar{\theta} & \phi_n - \bar{\phi} \end{bmatrix} \tag{9.5}$$

（3）求矩阵 X 的协方差矩阵 C，计算式为

$$C = \begin{bmatrix} \mathrm{cov}(\alpha,\alpha) & \mathrm{cov}(\alpha,\theta) & \mathrm{cov}(\alpha,\phi) \\ \mathrm{cov}(\theta,\alpha) & \mathrm{cov}(\theta,\theta) & \mathrm{cov}(\theta,\phi) \\ \mathrm{cov}(\phi,\alpha) & \mathrm{cov}(\phi,\theta) & \mathrm{cov}(\phi,\phi) \end{bmatrix} \tag{9.6}$$

（4）求协方差矩阵 C 的特征值 λ 及其对应的特征向量 v，计算式为

$$Cv = \lambda v \tag{9.7}$$

（5）按照特征值的大小对特征向量进行纵向排列，得到矩阵 A，则降维后的数据可采用矩阵 Y 表示为

$$Y = AX \tag{9.8}$$

经过上述筛选即可减少多尺度 FPFH 所提取特征点的数目，降低点云配准的敏感度。

9.3　基于降维多尺度 FPFH 的粗配准

基于多尺度 FPFH 特征描述子的计算和降维，提取出了尺度特征点，接下来通过对多尺度 FPFH 值的相似性判断来实现点云粗配准，具体步骤描述如下：

（1）对于待配准的源点云 P 和目标点云 Q，求解两个点云中点的多尺度 FPFH 值，并对多尺度 FPFH 进行降维，得到两个多尺度特征点集 X 和 Y。

（2）在多尺度特征点集 X 和 Y 中，搜索多尺度 FPFH 值最为相似的对应点对。

（3）利用 Huber 函数[4]计算特征点集 X 和 Y 对应点对的距离误差和，计

算式为

$$g(l) = \min \sum H(l) \qquad (9.9)$$

其中，$H(l)$ 定义为

$$H(l) = \begin{cases} \dfrac{1}{2}l^2, & |l| \leqslant \eta \\ \eta\left(|l| - \dfrac{1}{2}\eta\right), & |l| > \eta \end{cases} \qquad (9.10)$$

式中，l 为对应点变换后的距离差；η 为预先给定的阈值。

通过上述过程即可实现点云 $\boldsymbol{P}$ 和 $\boldsymbol{Q}$ 的粗配准。

9.4 基于改进 ICP 的点云精配准

ICP 算法是在四元数法采用的"点对点"配准的基础上形成的一种算法，它通过计算刚体变换矩阵实现点云配准，具有良好的精度与收敛性。但是 ICP 算法也存在诸多缺点，如存在邻域点搜索计算开销大，缺少对点云结构信息的利用，对初始位姿变换敏感以致陷入局部最优解等。鉴于此，利用 K-D 树[5]来改进 ICP 算法，可以进一步缩小点云对应点间的距离，提高配准精度。

假设源点云 $\boldsymbol{P}$ 和目标点云 $\boldsymbol{Q}$ 经过粗配准后的点云数据模型为 $\boldsymbol{P}'$ 和 $\boldsymbol{Q}'$，对其进行精配准的具体步骤如下：

（1）设置参数：终止阈值 ε，最大迭代次数 $\max_{\text{step}}$，最大对应点距离 f，欧氏距离均方误差 e。

（2）对于待精配准的点云 $\boldsymbol{P}'$ 和 $\boldsymbol{Q}'$，分别构造其 K-D 树，并在 K-D 树中搜索满足条件 f 和 e 的欧氏距离最近对应点对，从而删除误配准点对。

（3）假设经过第（2）步后得到的新点云数据模型为 $\boldsymbol{P}''$ 和 $\boldsymbol{Q}''$，定义对其配准的目标函数 $F(\boldsymbol{R},\boldsymbol{t})$ 为

$$F(\boldsymbol{R},\boldsymbol{t}) = \min\left(\frac{1}{n_{\boldsymbol{Q}'}}\sum_{i=1}^{n_{\boldsymbol{Q}'}}\|\boldsymbol{P}'' - \boldsymbol{R}\boldsymbol{q}'' - \boldsymbol{t}\|^2\right) \qquad (9.11)$$

式中，$\boldsymbol{q}'' \in \boldsymbol{Q}''$；$n_{\boldsymbol{Q}'}$ 为点云 $\boldsymbol{Q}''$ 所包含的点的数目；$\boldsymbol{R}$ 为旋转矩阵；$\boldsymbol{t}$ 为平移矩阵。

（4）对点云 $\boldsymbol{P}''$ 和 $\boldsymbol{Q}''$ 的质心进行移动，可求得平移向量 $\boldsymbol{t}$ 。此时，可将目标函数 $F(\boldsymbol{R},\boldsymbol{t})$ 转化为仅依赖旋转矩阵 $\boldsymbol{R}$ 的形式，即

$$F(\boldsymbol{R},\boldsymbol{t}) = \min\left(\frac{1}{n_{Q'}} \sum_{i=1}^{n_{Q'}} \| \boldsymbol{P}'' - \boldsymbol{R}\boldsymbol{Q}'' \|^2 \right) \tag{9.12}$$

对于式（9.12）的目标函数式，采用 SVD 算法[6]对其进行分解，可得

$$\boldsymbol{P}''\boldsymbol{Q}''^{\mathrm{T}} \overset{\text{SVD}}{=} \boldsymbol{U}\boldsymbol{\varSigma}\boldsymbol{V}^{\mathrm{T}} \tag{9.13}$$

式中，$\boldsymbol{U}$ 是一个左奇异矩阵；$\boldsymbol{V}$ 是一个右奇异矩阵；$\boldsymbol{\varSigma}$ 是一个包含奇异值的对角矩阵。

定义一个避免噪声点云中微小图像的配准矩阵 $\boldsymbol{S}$，并求解旋转矩阵 $\boldsymbol{R}$，可得

$$\boldsymbol{S} = \mathrm{diag}(\boldsymbol{I}|\boldsymbol{V}\boldsymbol{U}^{\mathrm{T}}|) \tag{9.14}$$

式中，$\boldsymbol{I}$ 为单位矩阵。

$$\boldsymbol{R} = \boldsymbol{V}\boldsymbol{S}\boldsymbol{U}^{\mathrm{T}} \tag{9.15}$$

（5）将计算得到的旋转矩阵 $\boldsymbol{R}$ 和平移向量 $\boldsymbol{t}$ 用于点云变换，得到新的点云。

（6）比较相邻两次目标函数的差值 ΔF，若 $\Delta F < \varepsilon_1$ 或算法达到最大迭代次数 $\max_{\text{step}}$，则停止迭代，否则重复执行步骤（3）～（6），直至满足迭代终止条件为止，其中 ε_1 是给定的阈值。

定义点云 $\boldsymbol{P}'$ 和 $\boldsymbol{Q}'$ 的配准误差 RMS 为

$$\text{RMS} = \frac{1}{N_{Q'}} \| \boldsymbol{P}'' - \boldsymbol{Q}'' \|_F \tag{9.16}$$

若 RMS 小于给定阈值 ε_2，说明点云 $\boldsymbol{P}'$ 和 $\boldsymbol{Q}'$ 配准成功，否则配准失败。通过上述步骤即可实现源点云 $\boldsymbol{P}$ 和目标点云 $\boldsymbol{Q}$ 的最终精配准。

9.5　实验结果与分析

实验采用公共点云数据模型和文物点云数据模型来验证本章算法，其中文物点云数据模型是在秦始皇陵兵马俑坑实地扫描获取的兵马俑碎片点云数据模型，已进行去噪、简化及补洞等预处理操作。

9.5.1 公共点云数据模型配准

在公共点云数据模型配准过程中，使用了 Bunny 和 Dragon 两种点云数据模型来进行配准实验。本章采用加权 FPFH 配准算法[7]、FPFH 特征差分配准算法[8]及本章算法对公共点云数据模型进行配准，结果分别如图 9.1、图 9.2 和表 9.1 所示。

（a）待配准 Dragon　　（b）加权 FPFH 配准算法　　（c）FPFH 特征差分配准算法　　（d）本章算法

图 9.1　Bunny 的配准结果

（a）待配准 Dragon　　（b）加权 FPFH 配准算法　　（c）FPFH 特征差分配准算法　　（d）本章算法

图 9.2　Dragon 的配准结果

表 9.1　3 种算法对公共点云数据模型配准的运行参数

公共点云数据模型	点云数目（左，右）/个	配准算法	配准误差/mm	耗时/s
Bunny	30636, 30017	加权 FPFH 配准算法	0.0238	6.1
		FPFH 特征差分配准算法	0.0223	5.3
		本章算法	0.0202	4.4
Dragon	31762, 17421	加权 FPFH 配准算法	0.0247	6.6
		FPFH 特征差分配准算法	0.0232	5.9
		本章算法	0.0209	4.7

从图 9.1、图 9.2 和表 9.1 中的公共点云 Bunny 和 Dragon 的配准结果可见，基于降维多尺度 FPFH 和改进 ICP 的点云配准算法具有较高的配准精度和时间效率，比加权 FPFH 配准算法的配准误差和耗时分别缩短了约 15% 和 25%，比 FPFH 特征差分配准算法的配准误差和耗时分别缩短了约 10% 和 15%。

9.5.2　文物碎片点云数据模型配准

该实验将点云配准算法用于文物碎片点云数据模型配准中，以 4 组兵马俑碎片为例验证基于降维多尺度 FPFH 和改进 ICP 的点云配准算法的性能。

首先，采用基于分割线的提取算法[9]提取文物碎片点云数据模型的断裂面；然后，采用加权 FPFH 配准算法、FPFH 特征差分配准算法及本章算法分别对 4 组文物碎片的断裂面进行配准，结果如图 9.3～图 9.6 及表 9.2 所示。其中，表 9.2 中的耗时不含文物碎片断裂面的提取时间。

（a）第 1 组待配准文物碎片　（b）加权 FPFH 配准算法（c）FPFH 特征差分配准算法　（d）本章算法

图 9.3　第 1 组文物碎片的配准结果

（a）第 2 组待配准文物碎片（b）加权 FPFH 配准算法（c）FPFH 特征差分配准算法　（d）本章算法

图 9.4　第 2 组文物碎片的配准结果

（a）第 3 组待配准文物碎片（b）加权 FPFH 配准算法（c）FPFH 特征差分配准算法（d）本章算法

图 9.5　第 3 组文物碎片的配准结果

（a）第 4 组待配准文物碎片（b）加权 FPFH 配准算法（c）FPFH 特征差分配准算法（d）本章算法

图 9.6　第 4 组文物碎片的配准结果

表 9.2　3 种算法对文物碎片配准的运行参数

文物碎片	点云数目（左，右）/个	断裂面数（左，右）/个	配准算法	配准误差/mm	耗时/s
第 1 组	63117, 36089	5, 4	加权 FPFH 配准算法	0.0260	38.8
			FPFH 特征差分配准算法	0.0245	32.9
			本章算法	0.0232	27.1
第 2 组	59643, 42747	4, 3	加权 FPFH 配准算法	0.0273	39.8
			FPFH 特征差分配准算法	0.0258	32.1
			本章算法	0.0242	26.7
第 3 组	27105, 46819	3, 3	加权 FPFH 配准算法	0.0252	35.6
			FPFH 特征差分配准算法	0.0239	30.2
			本章算法	0.0227	24.3
第 4 组	78162, 35423	2, 1	加权 FPFH 配准算法	0.0248	31.4
			FPFH 特征差分配准算法	0.0235	26.8
			本章算法	0.0222	21.5

从图 9.3～图 9.6 和表 9.2 的兵马俑碎片配准结果可见，基于降维多尺度 FPFH 和改进 ICP 的点云配准算法具有较高配准精度和时间效率，比加权 FPFH 配准算法的配准误差和耗时分别缩短了约 10%和 30%，比 FPFH 特征差分配准算法的配准误差和耗时分别缩短了约 5%和 17%。

这是由于加权 FPFH 配准算法利用内部形态描述子和法向量夹角来提取点云的特征点，再对特征点加权并实现基于该加权特征点的点云配准，可以有效提高配准精度，但是在特征提取方面的耗时较长，抗噪性还有待加强；FPFH 特征差分配准算法是一种基于 FPFH 特征差分的点云配准算法，通过结合周围邻域信息来建立虚拟对应点，对不同采样分辨率点云的配准效果较好，但是对特征差异不明显点云区域的错配点对数量较多，不适合文物碎片的配准拼接；而本章算法采用由粗到精的层次化方式实现点云配准，通过对多尺度 FPFH 特征描述子的降维可以有效删除错配准点对，同时改进的精配准也可以进一步提高配准的精度和效率。因此，基于降维多尺度 FPFH 和改进 ICP 的配准算法是一种快速、高精度的点云配准算法。

9.6　本章小结

随着点云处理技术的应用领域的日益广泛，相关的处理算法也在逐步优化和完善。为了避免配准算法陷入局部最优，减少错误配准点对的数量，提高算法的迭代收敛速度，本章提出了一种基于降维多尺度 FPFH 特征的点云配准算法。该算法通过判断降维多尺度 FPFH 特征的相似性实现点云粗配准，利用基于 K-D 树的 ICP 算法实现点云精配准，可以有效删除错误配准点对，降低配准误差，同时提高时间效率。实验结果表明，基于降维多尺度 FPFH 和改进 ICP 的点云配准算法对公共点云和文物点云均具有良好的配准效果。在后期的研究中，会进一步将该算法进行优化，合理利用点云的线特征和区域特征，并将其应用于断裂面覆盖率低的文物碎片断裂面的配准中，提高算法的普适性，扩大算法的应用范围。

本章参考文献

[1]   汤慧，周明全，耿国华. 基于扩展的点特征直方图特征的点云匹配算法[J]. 激光与光电子学进展，2019，56（24）：203-210.

[2]   WU L S, WANG G L, HU Y. Iterative closest point registration for fast point feature histogram features of a volume density optimization algorithm[J]. Measurement and Control, 2020, 53(1-2): 29-39.

[3]   CAMILO O M, CRISTHIAN F A, CERÓN W L, et al. A spatiotemporal assessment of the high-resolution CHIRPS rainfall dataset in southwestern Colombia using combined principal component analysis[J]. Ain Shams Engineering Journal, 2022, 13(5): 149-165.

[4]   GHANI I M M, RAHIM H A. Weighting temporary change outlier by modified Huber function with monte carlo simulations[J]. Journal of Physics: Conference Series, 2020, 1529(5): 1124-1140.

[5]   ZHENG Z C, YE H F, ZHANG H W, et al. Multi-level K-D tree based data-driven computational method for the dynamic analysis of multi-material structures[J]. International Journal for Multiscale Computational Engineering, 2020, 18(4): 421-438.

[6]   ZHOU M S, SUN W, WU R, et al. The singular value decomposition method of improved incidence matrix for isomorphism identification of epicyclic gear trains[J]. Mechanical Sciences, 2022, 13(1): 535-542.

[7]   刘玉珍，张强，林森. 一种改进的基于快速点特征直方图的 ICP 点云配准算法[J]. 激光与光电子学进展，2021，58（6）：283-290.

[8]   ZHENG L, LI Z. Virtual namesake point multi-source point cloud data fusion based on FPFH feature difference [J]. Sensors, 2021, 21(16): 5441-5456.

[9]   李群辉. 基于断裂面匹配的破碎刚体复原研究[D]. 西安：西北大学，2013.

第五部分

第 **10** 章

基于改进随机抽样一致的
点云分割算法

10.1　引言

点云能够立体高效地存储三维物体的详细属性信息，点云分割就是按照点云属性将其划分为一系列更加连贯的子集，以便进行进一步的点云数据处理。对于点云分割算法的改进研究，一直以来都是一个复杂的问题，虽然已有算法已经在一定程度上提高了分割精度和效率，但是仍然存在一些问题。例如，算法容易受到噪声点和异常点的影响；算法大多依赖点的法向量、曲率和颜色等信息，容易造成分割过少或分割过度的问题，从而无法获取完整的分割模型和光滑分割边界。

针对以上问题，本章提出了一种基于改进随机抽样一致（Random Sample Consensus，RANSAC）的点云分割算法，简称 RANSAC 算法。该算法通过构建 K-D 树，利用半径空间密度重新定义初始点的选取方式，通过多次迭代来剔除无特征点，在实现点云分割的同时可以有效去除噪声点；同时，该算法重新设定判断准则，优化面片合并，可以提高点云分割质量和分割精度，从而实现点云精分割。

10.2　RANSAC 算法

10.2.1　RANSAC 算法原理

点云分割目的是将原始点云中不同的物体提取成独立的单元，后续可以针对不同的物体特征进行有效的处理。在点云数据获取之前，需要被采集物体所处场景有一定的先验信息。例如，地面、墙面及屋顶大多是大平面，长方体往往是某种盒子。对于类似房间的复杂场景中的物体，大部分物体的形状可以划分成简单的几何形状，这样可以为点云分割带来很大的便利。对于常见的几何形状可以通过数学方法进行表示，可以使用部分参数来表示复杂物体的特征，RANSAC 算法可以从点云数据中将具有几何特征的物体分割出来。

RANSAC 算法最早由 M. A. Fischler 等[1]在 1987 年提出，其主要作用是在源数据包含众多噪声的情况下，提取源数据中符合某些特征的数据。该算法可以在一定的概率区间保证最终结果的合理性，提升迭代次数可以提高概率，保证在某个置信区间内最小抽样数 N 与一个良好概率 P 满足如下关系，即

$$P = 1 - (1 - \varepsilon^k)^N \tag{10.1}$$

式中，ε 为局内点和总体数据集的比值；k 为模型参数的最小值；P 的一般取值为 $0.9\sim0.99$。

对式（10.1）进行变形，可得

$$N = \frac{\log(1 - P)}{\log(1 - \varepsilon^k)} \tag{10.2}$$

RANSAC 算法可以将指定的数据集作为输入，总体数据中包括局内点、局外点和可以用于解释数据集的参数模型，参数模型中包含部分可靠参数。RANSAC 算法通过迭代的方式每次随机选择一部分数据集作为参数模型的参数，被选取的子数据集为局内点，通过下面 5 个步骤完成模型验证：

（1）有被选取的局内点适用于该参数模型，即可通过该局内点计算出参数模型中其他的未知参数。

（2）将其他数据拟合到步骤（1）得出的模型中，若其中某些点适用于该模型，则认为这些符合条件的点也为局内点。

（3）如果有大量的子数据集被认定成为局内点，则说明此参数模型合理。

（4）将所有局内点作为输入重新拟合参数模型，因为参数模型只被初始选取的局内点拟合过。

（5）最终通过估计获取的局内点数量和参数模型误差来改进模型。

这里通过改进 RANSAC 算法初始点的选取方式，并利用半径空间密度信息和连通性对分割平面进行优化，使原算法对平面分割的准确性和对边缘位置的分割效果得到提高。

10.2.2 RANSAC 算法缺点

RANSAC 算法用于室内平面场景下的点云分割时存在如下缺点：

（1）算法效率。根据 RANSAC 算法的原理，在处理数据集比较大的室内平面场景时，若对场景中的点云数据进行简单的提取，那么在某次具体的搜索中，随着最小抽样数 N 的增加，会导致合理概率 P 降低，算法的耗时增加。

（2）点云错分。使用 RANSAC 算法只能提取出点云空间中的平面，这与真实场景下的平面有很大不同，点云空间中的平面不会体现出平面边界，在多平面的场景中可能会出现点云错分割现象。

（3）分割尺度。RANSAC 算法在计算过程中用一个固定不变的阈值 δ，会导致几种问题：若采用相对较大的阈值 δ，那么小于此值的分割平面会因达不到阈值而无法提取出来；若采用相对较大阈值 δ 时，那么大于此值的分割平面在迭代过程中会因为多次达到阈值条件，而导致平面多次分割，造成完整的平面破损。

10.3 改进 RANSAC 算法

改进 RANSAC 算法基于 RANSAC 算法，它改进了原始种子点的选取方式，在判断准则中加入了对面片标准差的限制，可以有效减少伪平面的出现，并利用半径密度信息对分割后的面片进行优化，增强了分割的精准性和边缘准确率。

10.3.1　K-D 树与半径空间密度

K-D 树主要用于分割 k 维数据空间的数据结构，主要应用场景是搜索 k 维空间的多维数据。与传统二叉树不同的地方在于 K-D 树的每个节点表示的是 k 维空间的点，而且 K-D 树的每层都可以进行决策分析。K-D 树也继承了二叉树的优点，可以精确快速地查找某点，可以实现在某个半径空间中邻域点的高效查找，在三维空间中，半径空间密度是指以该点为中心，以 R 为半径的空间球体所包含的点云数据的个数。

10.3.2　改进初始点选取

在点云数据中，两个点云的距离（空间距离）越靠近，这两个点云属于同一个物体的概率也就越大。因此，这里将使用改进选取初始点的方式，在同样的采集次数下提高对平面分割的可信度。

对复杂场景中的大平面进行点云分割时，不同平面对应不相同的平面方程，三维空间中的方程可以通过 3 个不共线的点来进行标识，即 $k=3$。传统的 RANSAC 算法选取初始点的方式是从原始数据集中随机选取 3 个点作为基准点来获取平面方程参数的初始值，然后通过获取到的初始值来寻找其他局内点，这样得到的模型大多不会满足判断准则，因此在进行同样次数的采样时，满足平面模型的数据集也被减少了，最优模型的概率也会随之降低。

这里采取的方式是随机在数据集中选取一个点，通过 K-D 树建立索引，然后查找以该点为球心、以 R 为半径的球体内的点，并将查找到的所有点利用最小二乘法来拟合，再根据拟合结果确定平面参数的初始值。针对最小二乘法的结果需要设置阈值进行限制，设阈值为 δ_0，若拟合结果大于 δ_0，则说明以该点为球心、以 R 为半径的球体内的点云分布不规律，差异较大，在同一平面的概率较小，应抛弃该值。以同样的方式来选取阈值，直至初始值确定。通过这种改进后的方式可以在数据处理的开始剔除异常信息过大的点，减少异常点的影响，提高了数据处理效率，在相同采集次数下提高了获得模型的概率。

10.3.3　判断准则的设计

设定的判断条件为局内点的数据量和拟合平面的标准差。通常情况下，处于同一平面的点满足以下条件：

$$ax + by + cz = d \qquad (10.3)$$

式中，(x,y,z) 为平面点的空间坐标；(a,b,c) 为平面法向量并且满足 $a^2 + b^2 + c^2 = d$；d 为坐标原点到平面的距离，该距离采用 $P(x,y,z)$ 到平面 $\mathrm{PL}(a,b,c,d)$ 的欧氏距离计算，计算式为

$$d(P, \mathrm{PL}) = |\, ax + by + cz - d \,| \qquad (10.4)$$

若选取的局内点在平面内，那么理论上到分割平面的距离应该为零，但是因为在点云空间中点云数据存在误差，导致平面不会是绝对的平面，而是由多个点在一定范围内组成的拟合平面，需要给定一定的阈值 δ_0 作为判断依据，判断选取的点是否在平面内。阈值 δ_0 过小会导致平面过度分割，造成平面破损，过大则会增加平面腐蚀作用，无法将平面分割出来。

在实际场景中，对于细节信息较多的平面通常采用严格的阈值，对于普通的平面可将阈值范围设置得宽泛一些。若选取的点到平面的距离小于 δ_0，则认为平面该点为平面模型的局内点。计算点云数据中局内点的数量时，若数量大于阈值 $P_{\min}$，则说明平面分割完成。判断一个平面是否分割完成的条件为点云数据中局内点的数量和平面的标准差，所以一个完整的分割平面需要平面使用标准差进行约束。

10.3.4　面片合并

按照以上准则进行点云分割之后，在点云空间中，一些面片可能有多个层次，但是总体可视为同一个平面，所以需要将这部分面片进行合并和优化。面片合并的条件为：空间中近似面片的法向量夹角 θ 一般比较小，可以通过 θ 值来确定是否进行面片合并。θ 的计算式为

$$\theta = \arccos^{-1}(\boldsymbol{n}_1, \boldsymbol{n}_2) \qquad (10.5)$$

式中，$\boldsymbol{n}_1, \boldsymbol{n}_2$ 分别为两个面片的法向量。

仅使用 θ 来判断合并可能会使得具有相似法向量但距离相差较大的面片合并（类似平行平面），且分割后的面片由多个面片组成。对此问题，本章使用的算法如下：

（1）首先在分割后的面片建立 K-D 树索引，从中选取初始点 p_0。

（2）判断面片中以 R 为半径的空间密度信息。若 R 大于阈值 R_{num}，则将在 R 中的点添加到集合 $\boldsymbol{T} = \{\boldsymbol{p}_1, \boldsymbol{p}_2, \cdots, \boldsymbol{p}_k\}$ 中，否则需将 P_0 从索引中删除，并重新选择 p_0 进行以上判断。

（3）以集合 T 中的点执行步骤（2），将得到的点加入集合 T 中，并进行统计。若总数小于阈值（最小面片的点数），则认为该点为噪声点，需从点云集中剔除。

（4）重复执行以上步骤，直至将面片中所有点判断完为止。

10.4　本章算法步骤

本章提出的改进 RANSAC 算法在对场景大平面点云进行分割时需要反复迭代，每次迭代会将已经分割的点从原始数据集中剔除，直至模型点数小于给定阈值 N_{min}，具体流程如下：

（1）根据式（10.2）计算循环次数 N。

（2）计算待拟合面片标准差，若标准差大于阈值 δ_0，则需要重新确定面片的平面参数，否则进行下一步。

（3）统计局内点数量，若大于点数阈值，则计算面片标准差，否则返回上一步。

（4）重复步骤（2）、（3）N 次，根据设定的判断准则获得最佳面片。

（5）重复步骤（1）～步骤（4），直至模型点数小于给定阈值 N_{min}。

（6）根据优化策略对多层次面片进行合并和优化，获得最后的分割平面。

10.5 实验结果与分析

实验在 Windows 10 环境下，采用点云库（PCL）框架和 C++语言作为开发工具，利用 Microsoft Visual Studio 2015 运行得到。利用该改进 RANSAC 算法，将两个原始点云数据模型进行分割，分割结果如图 10.1 和图 10.2 所示。

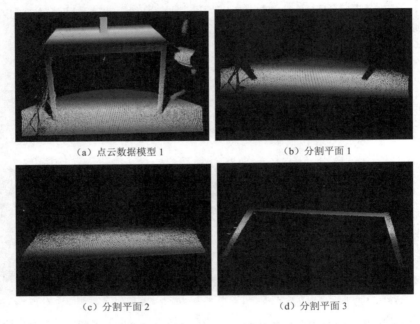

（a）点云数据模型 1　　　　　　　　（b）分割平面 1

（c）分割平面 2　　　　　　　　（d）分割平面 3

图 10.1　改进 RANSAC 算法对点云数据模型 1 的分割结果

在分割中，设定平面的判断阈值 $\delta_0 = 0.09$，半径密度阈值 $R_{num} = 8$。利用式（10.2）设定循环次数 N 的取值，P 的取值范围为 $0.9 \leqslant P \leqslant 0.99$。对于改进 RANSAC 算法，其主要影响因素为循环次数 N 和非分割平面模型的数量值 N_{min}，二者的关系与完整的分割面积有关，所以确定好完整的分割平面即可实现面片分割。

从图 10.1 和图 10.2 的分割结果可见，改进 RANSAC 算法能够将相关性较低的边缘点剔除，保留较为完整的大平面，实现良好的点云分割效果。

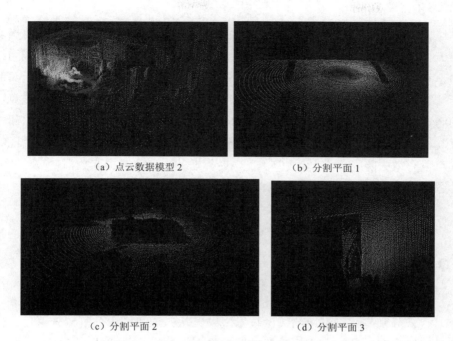

（a）点云数据模型 2　　　　　　　　　（b）分割平面 1

（c）分割平面 2　　　　　　　　　（d）分割平面 3

图 10.2　改进 RANSAC 算法对点云数据模型 2 的分割结果

为了验证该改进 RANSAC 算法的分割性能，对图 10.1（a）和图 10.2（a）的两个点云数据模型，再分别采用 RANSAC 算法和自适应分割算法[2]进行分割，分割结果如表 10.1 所示。

表 10.1　分割算法对比结果

点云 数据模型	原始点云 数目/个	滤波后 点云数目/个	分割算法	分割平面 1 点云量/个，占比	分割平面 2 点云量/个，占比	分割平面 3 点云量/个，占比
点云数据 模型 1	460400	112764	RANSAC 算法	4857，0.11	12442，0.30	90536，0.50
		198742	自适应分割算法	17019，0.09	39341，0.28	124547，0.49
		340165	改进 RANSAC 算法	36874，0.08	67769，0.25	221473，0.48
点云数据 模型 2	386100	97425	RANSAC 算法	4613，0.12	10113，0.31	71644，0.53
		169784	自适应分割算法	12101，0.10	33118，0.28	97712，0.51
		310761	改进 RANSAC 算法	30296，0.09	61742，0.24	196751，0.49

从表 10.1 可以看出，对于同一原始点云，改进 RANSAC 算法使分割后平面的边缘提取更加精准，同时还可以在保留完整面片的同时剔除不相关的部分点云，具有良好的点云分割结果。这是由于 RANSAC 算法只能在一定的概

率区间内保证分割结果的合理性，对室内平面场景的分割效率较低，容易出现点云错分的现象；自适应分割算法根据提取的特征自动选择种子点，并采用改进区域生长算法对种子点进行分割，该算法可以解决与区域增长算法相关的不一致或过度分割等问题，不需要用户干预，具有较好的健壮性，但是该算法对噪声不够敏感；而本章提出的改进 RANSAC 算法利用半径空间密度重新定义初始点的选取方式，通过多次迭代来剔除无特征点，在实现点云分割的同时还可以有效去除噪声点，改进 RANSAC 算法的点云特征提取数据量较大，面片分割的准确率较高。

10.6　本章小结

点云分割是三维重建的关键技术之一，从三维视图中分割点云可以方便地进行逆向工程处理。本章主要针对三维点云数据分割算法进行研究，基于 RANSAC 算法在点云分割中存在的问题，通过改进初始点数据的选取方式和判断准则，使 RANSAC 算法对点云数据分割的准确率提高。并通过将改进 RANSAC 算法与 RANSAC 算法和自适应分割算法进行实验对比，证明改进 RANSAC 算法良好的分割结果。在今后的研究中，要进一步对阈值设置进行优化，实现基于点云密度信息的自适应阈值选取，减少人工计算量，进一步提高算法的效率和应用范围。

本章参考文献

[1]　FISCHLER M A, BOLLES R C. Random sample consensus: a paradigm for model fitting with applications to image analysis and automated cartography[J]. Communications of the Acm, 1981, 24(6): 381-395.

[2]　FAN Y, WANG M, GENG N, et al. A self-adaptive segmentation method for a point cloud[J]. The Visual Computer, 2018, 34: 659-673.

第 **11** 章

基于 SVM 和加权 RF
的点云分割算法

11.1 引言

目前，常见的点云分割算法大多是基于特征提取或机器学习的算法[1-5]。例如，陈向宇等[6]针对树木点云数据模型的分割问题，提取了多种融合的树木特征，并利用支持向量机（Support Vector Machine，SVM）实现树种的分割和分类；C. Chen 等[7]使用混合核函数实现点云分割，提高了算法的抗噪性；H. Ni 等[8]采用改进的随机森林（Random Forest，RF）对建筑点云进行分割，提高了分割精度；Z. Zhao 等[9]提出了一种基于点云特征向量的人车分割算法，提高了分类器的性能；S. Bicici 等[10]进行了无人飞行器的道路分类与分割实验，证明了 RF 分割准确率的决定因素；N. I. Boslim 等[11]对比了 RF 和 k 最近邻域分类器的分割精度，结果发现 RF 分类器在对历史建筑的点云数据进行分割时表现更好；Z. Wang 等[12]提出了一种几何结构约束下的物体分割方法，能有效提取点云中的杆状目标；M. Weinmann 等[13]提出了一种基于最优邻域、相关特征和高效分类器的点云语义分割算法，特征提取和分割精度均得到了有效提升。

以上点云分割算法有效降低了时间复杂度，提高了算法的自学习能力。但是如何有效提取点云关键特征，并降低噪声点和异常点对算法的影响，提高点云分割质量和分割精度仍需要做出进一步的研究。鉴于此，本章提出了一种基于 SVM 和加权 RF 的点云分割算法，首先构建 SVM 分类器，实现点云粗分割，然后利用加权 RF 模型实现点云精分割。该算法可以有效解决物体相邻部位点云数据和边界点云数据的误分割问题，实现物体点云数据模型的精分割。

11.2　基于 SVM 的点云粗分割

点云粗分割采用 SVM 分类器实现，首先构造点云的特征向量，然后采用基于混合核函数的 SVM 分类器对特征向量进行训练并分类，从而实现点云粗分割。

11.2.1　点云特征提取

用于构造输入特征向量的特征主要包括三维坐标值、RGB 值、回波强度、点云密度、法向量及平均曲率等。

1. 三维坐标值、RGB 值和回波强度

利用激光扫描仪获取物体的点云数据模型，即可得到点云的三维坐标值、RGB 值和回波强度。三维坐标值反映了点云数据点的位置信息；RGB 值反映了点云数据点的颜色信息；回波强度与被扫描介质的表面有关，不同的介质表面对激光的反射特性也不同。

2. 点云密度

点云密度是一个衡量点云数据分辨率的指标，较高的密度意味着更多的信息或更高的分辨率，而较低的密度意味着较少的信息或更低的分辨率。

对于点云数据模型 $\boldsymbol{P}$，其上任意一点 $\boldsymbol{p}$ 的点云密度 ρ 定义为[14]

$$\rho = \frac{k+1}{\frac{4}{3}\pi r_k^3} \tag{11.1}$$

式中，k 表示当前点 $\boldsymbol{p} \in \boldsymbol{P}$ 邻域点的数目；$r_k = \max\left(\left|\boldsymbol{p}_i, \boldsymbol{p}\right|\right)$ 表示点 $\boldsymbol{p}$ 与邻域点中相距最远的点的距离，$\boldsymbol{p}_i$ 表示点 $\boldsymbol{p}$ 的邻域点，$i = 1, 2, \cdots, k$；$\frac{4}{3}\pi r_k^3$ 表示点 $\boldsymbol{p}$ 与邻域点 $\boldsymbol{p}_i$ 中相距最远的点共同确定的球的体积。

3. 法向量

法向量是一种重要的点云表面几何特性，对其求解需要点及其邻域点的支持[15]。假设点 $\boldsymbol{p} \in \boldsymbol{P}$ 的 k 邻域点集为 $\{\boldsymbol{p}_1, \boldsymbol{p}_2, \cdots, \boldsymbol{p}_k\}$，那么这些邻域点的重心 $\boldsymbol{o}$ 为

$$o = \frac{1}{k}\sum_{i=1}^{k} \boldsymbol{p}_i \tag{11.2}$$

定义协方差矩阵 $\boldsymbol{C}$ 为

$$\boldsymbol{C} = \begin{bmatrix} \sum(x_i - o_x)^2 & \sum(x_i - o_x)(y_i - o_y) & \sum(x_i - o_x)(z_i - o_z) \\ \sum(y_i - o_y)(x_i - o_x) & \sum(y_i - o_y)^2 & \sum(y_i - o_y)(z_i - o_z) \\ \sum(z_i - o_z)(x_i - o_x) & \sum(z_i - o_z)(y_i - o_y) & \sum(z_i - o_z)^2 \end{bmatrix} \tag{11.3}$$

式中，x_i, y_i, z_i 表示点 $\boldsymbol{p}_i$ 的三维坐标；o_x, o_y, o_z 表示重心 $\boldsymbol{o}$ 的三维坐标。

对于协方差矩阵 $\boldsymbol{C}$，求解其特征值及特征值对应的特征向量，最小特征值对应的特征向量即为由点 $\boldsymbol{p}$ 的邻域点构成的最小二乘拟合曲面的法向量 $\boldsymbol{n}$。

4. 平均曲率

平均曲率是点云外表面弯曲程度的度量标准，可以采用二次曲面拟合法计算[16]。对于点云 $\boldsymbol{P}$ 中的任意一点 $\boldsymbol{p}$，搜索点 $\boldsymbol{p}$ 周围的 k 个最近邻域点用于拟合二次抛物面 $Z(x, y)$，计算式为

$$Z(x, y) = ax^2 + bxy + cy^2 \tag{11.4}$$

根据最小二乘原理，使式（11.4）取最小值，对系数 a, b, c 分别进行求导，并使其导数为 0，即可求出系数 a, b, c 的值。

对于式（11.4），求解 $Z(x, y)$ 关于 x, y 的一阶偏导数 Z_x, Z_y 和二阶偏导数 Z_{xx}, Z_{xy}, Z_{yy}，即可得到二次抛物面 $Z(x, y)$ 的第一基本量和第二基本量，即

$$\begin{cases} E = Z_x Z_x = 1 \\ F = Z_x Z_y = 1 \\ G = Z_y Z_y = 1 \end{cases}, \quad \begin{cases} L = Z_{xx} N_{\boldsymbol{P}} = 2a \\ M = Z_{xy} N_{\boldsymbol{P}} = b \\ N = Z_{yy} N_{\boldsymbol{P}} = 2c \end{cases} \tag{11.5}$$

式中，N_P 表示点云 P 所包含的点数。

根据第一基本量和第二基本量可以计算点 p 的平均曲率 $\bar{K}$，即

$$\bar{K} = \frac{EN - 2FM + GL}{2(EG - F^2)} \tag{11.6}$$

基于以上提取的点云特征，构造点 p 的特征向量 $F = \left[x, y, z, R, G, B, I, \rho, n, \bar{K} \right]$。其中，$x, y, z$ 表示点 p 的三维坐标；R, G, B 表示点 p 的颜色信息；I 表示点 p 的回波强度；ρ 表示点 p 的点云密度；n 表示点 p 的法向量。

11.2.2　基于混合核函数的 SVM

对于非线性二分类问题，SVM 算法可将其转化为求解一个二次规划最优解的问题[17]。

对于数据集 (w_i, v_i)，$i = 1, 2, \cdots, l$，$v_i \in (-1, 1)$，其中，w_i 表示数据的特征；v_i 表示数据类的标签。可以根据以下目标函数计算带松弛变量的最优超平面最大值，计算式为

$$\begin{cases} g(a_i, a_j, v_i, v_j) = \max \left(\sum_{i=1}^{l} a_i - \frac{1}{2} \sum_{i=1, j=1}^{l} a_i a_j v_i v_j f(w_i, w_j) \right) \\ \sum_{i=1}^{l} a_i v_i = 0, \ 0 \leqslant a_i \leqslant C, \ i = 1, 2, \cdots, l \end{cases} \tag{11.7}$$

式中，$f(w_i, w_j)$ 表示核函数；C 表示控制边缘分类错误的惩罚因子，C 越大误分类的样本点数越少。

在式（11.7）中，核函数 $f(w_i, w_j)$ 是一个结合径向基函数和多项式核函数的混合核函数，具有良好的学习能力和较强的泛化能力。基于 $f(w_i, w_j)$，定义混合核函数 $f(w, w_i)$ 为

$$\begin{cases} f(w, w_i) = \lambda_1 \cdot \exp \left(-\frac{\|w - v\|^2}{2\sigma^2} \right) + \lambda_2 \cdot \left[(w \cdot w_i) + 1 \right]^d \\ \lambda_1 + \lambda_2 = 1, \ 0 \leqslant \lambda_1 \leqslant 1, \ 0 \leqslant \lambda_2 \leqslant 1 \end{cases} \tag{11.8}$$

式中，参数 λ_1 用来调节 RBF 核函数在混合核函数中所占的比重，参数 λ_2 用来调节多项式核函数在混合核函数中所占的比重。

基于混合核函数 $f(w, w_i)$，可定义最优分类函数 $g(w)$，即

$$g(w) = \text{sgn} \left(\sum_{i=1}^{l} a_i v_i f(w, w_i) + b_0 \right) \tag{11.9}$$

式中，$\boldsymbol{w}$ 为未知向量；$\mathrm{sgn}(\ )$ 为符号函数。

11.2.3　基于 SVM 的粗分割算法步骤

采用基于 SVM 对点云进行粗分割的具体步骤如下：

（1）提取点云中点的三维坐标值、RGB 值、回波强度、点云密度、法向量及平均曲率等特征，得到点的特征向量 $\boldsymbol{F} = \left[x, y, z, R, G, B, I, \rho, \boldsymbol{n}, \overline{K} \right]$。

（2）利用粒子群优化算法[18]寻找该混合核函数 SVM 分类模型的最优参数，得到最优分类函数 $g(\boldsymbol{w})$。

（3）读取训练样本的特征向量 $\boldsymbol{F}$，训练 SVM 分类器。

（4）采用"一对一"投票策略，确定分类器个数为 $N_{\mathrm{class}}(N_{\mathrm{class}} - 1)/2$ 个，其中，N_{class} 表示点云分割的类别数，最终分割结果归为得票最多的一类。

（5）读取测试样本特征向量，计算点云数据分割的正确率。

11.3　基于加权 RF 的点云精分割

点云精分割采用加权 RF 实现，在传统 RF 模型基础上考虑进一步降低决策树的相关性，选取相关性低且分类误差小的决策树组成新的 RF 模型，并根据决策树的分割精度对投票结果进行加权计算。

11.3.1　RF 模型

RF 模型是一种基于传统决策树分类器的集成学习模型，其基本算法思想为[19]：首先利用 Bootstrap 抽样方法随机产生多个子训练集，并生成特征集；然后利用基尼系数或信息增益对特征进行量化，并构建决策树训练；最后输入测试样本，并对所有决策树得到的类别进行归属投票，从而得到预测结果。

RF 模型的边缘函数 $P_{\mathrm{mar}}(\ )$ 定义为

$$P_{\mathrm{mar}}(\boldsymbol{Q}, V_{\mathrm{true}}) = \mathrm{ave}_k o(V_{\mathrm{true}}) - \max_{V_{\mathrm{true}} \neq V_{\mathrm{fal}}} \mathrm{ave}_k o(V_{\mathrm{fal}}) \tag{11.10}$$

式中，$\boldsymbol{Q}$ 为输入特征向量；V_{true} 为正确分类向量；V_{fal} 为错误分类向量；$\text{ave}_k(\ )$ 为均值函数；$o(\ )$ 为结果评价函数。

泛化误差越小，模型的识别能力越强。泛化误差 E 定义为边缘函数 $P_{\text{mar}}(\ ) < 0$ 的概率，计算式为

$$E \leqslant \frac{C_t(1-\sigma^2)}{\sigma^2} \qquad (11.11)$$

式中，C_t 表示决策树相关系数；σ 表示分类精度。

RF 投票模型 $H(x)$ 定义为

$$H(x) = \sum_{i=1}^{l} h_i(x) \qquad (11.12)$$

式中，l 为决策树的数量；$h_i(x)$ 为第 i 个决策树对 x 的投票函数；$H(x)$ 为 l 个决策树对 x 的最后分类决策。

传统 RF 模型采用直接投票方式，对每个决策树的投票都是等效的。根据信息增益指标[20]选择决策树当前节点的最佳分裂属性。假定样本集合 $\boldsymbol{D}$ 中第 i 类样本所占比例为 r_t，则样本集合 $\boldsymbol{D}$ 的信息熵 Entropy($\boldsymbol{D}$) 为

$$\text{Entropy}(\boldsymbol{D}) = -\sum_{i=1}^{c} r_i(\log_2 r_i) \qquad (11.13)$$

式中，c 表示样本数据所属类别的总数。

在特征集 $\boldsymbol{A}$ 作用后，样本集 $\boldsymbol{D}$ 被分成 r_2 个部分，此时信息熵 Entropy($\boldsymbol{D}_A$) 和信息增益 Gain($\boldsymbol{D},\boldsymbol{A}$) 的值分别为

$$\text{Entropy}(\boldsymbol{D}_A) = -\sum_{j=1}^{r_2} \frac{\left|\boldsymbol{D}_j\right|}{\left|\boldsymbol{D}\right|} \text{Entropy}(\boldsymbol{D}_A) \qquad (11.14)$$

$$\text{Gain}(\boldsymbol{D},\boldsymbol{A}) = \text{Entropy}(\boldsymbol{D}) - \text{Entropy}(\boldsymbol{D}_A) \qquad (11.15)$$

11.3.2　加权 RF 模型

基于 RF 模型，加权 RF 模型选取相关性低且分类误差小的决策树组成 RF 模型，并根据决策树得到的类别精度对投票结果进行加权计算，从而得到点云精分割结果。由于构成决策树的基本单元是特征集和输入样本集，因此为了获得相关性低且分类误差小的决策树，加权 RF 模型将决策树相关系数分为特征相关系数 C_f 和输入样本相关系数 C_s 两个部分。

基于特征相关系数 C_f 和输入样本相关系数 C_s 的计算，可求得决策树 $\boldsymbol{T}_i, \boldsymbol{T}_j$ 的相关系数 C_t 为

$$C_t = C_f + C_s \tag{11.16}$$

决策树相关系数 C_t 的值越大，说明两棵决策树之间的关联性越强。基于决策树相关系数 C_t 的值可以求解所有决策树两两之间的相关系数，并将相关系数大于阈值 δ 的决策树组成决策树集，再选择每个决策树集中误差 E_{err} 最小的决策树构成弱相关 RF 模型。

定义误差 E_{err} 为

$$E_{\text{err}} = \frac{\sum_{i=1}^{N}\left[h(q_i) \neq t(q_i)\right]}{N}, \ i = 1, 2, \cdots, N \tag{11.17}$$

式中，$h(q_i)$ 表示决策树对节点 q_i 的分类结果；$t(q_i)$ 表示节点 q_i 的真实分类结果；N 表示子训练数据集的总节点数。

其中，特征相关系数 C_f 和输入样本相关系数 C_s 计算如下。

1. 特征相关系数

特征相关系数 C_f 可以利用最大互信息系数来计算[20]。假设特征 X 和特征 Y 将点云空间进行了网格化划分，那么可以将落在每个空间点的频率作为概率估计值来计算边缘概率 $p(x)$、$p(y)$ 及联合概率 $p(x,y)$，则两个特征的互信息量 $I(X,Y)$ 的计算式为

$$I(X,Y) = \sum_{x \in X} \sum_{y \in Y} p(x,y) \log_2 \frac{p(x,y)}{p(x)p(y)} \tag{11.18}$$

式中，$p(x)$ 和 $p(y)$ 分别表示特征 X 和特征 Y 的边缘概率；$p(x,y)$ 表示特征 X 和特征 Y 的联合概率。

利用互信息量 $I(X,Y)$ 可以定义两个特征的最大互信息系数 $\text{MIC}(X,Y)$ 为

$$\text{MIC}(X,Y) = \max_{N_X \times N_Y < B} \frac{I(X,Y)}{\log_2 \min(N_X, N_Y)} \tag{11.19}$$

式中，N_X 表示特征 X 划分的网格数目；N_Y 表示特征 Y 划分的网格数目，并且满足约束条件 $N_X \times N_Y < B$，通常 B 设置为数据总量的 0.6 次方。特征 X 和特征 Y 的最大互信息系数 $\text{MIC}(X,Y)$ 的值越大，就表示这两个特征的相关性越强。

基于对两个特征的最大互信息系数的计算，对样本中所有特征进行迭代，两两计算其最大互信息系数，由此可以得到最大互信息系数矩阵，再利用该矩阵求解决策树 n 个特征的最大互信息系数均值，并将其作为该决策树特征集的特征相关系数 C_f。

2. 输入样本相关系数

输入样本相关系数 C_s 可以利用样本重合度来计算[21]。假设决策树 $\boldsymbol{T}_i, \boldsymbol{T}_j$ 对应的训练数据集分别为 $\boldsymbol{S}_i, \boldsymbol{S}_j$，对应的点数分别为 $N_{\boldsymbol{S}_i}, N_{\boldsymbol{S}_j}$，那么输入样本相关系数 C_s 为

$$C_s = \frac{\sum(\boldsymbol{S}_i \neq \boldsymbol{S}_j)}{N_{\boldsymbol{S}_i} + N_{\boldsymbol{S}_j}} \tag{11.20}$$

式中，$\sum(\boldsymbol{S}_i \neq \boldsymbol{S}_j)$ 表示训练数据集 $\boldsymbol{S}_i, \boldsymbol{S}_j$ 所包含的不同样本点的总数目；$N_{\boldsymbol{S}_i}$ 和 $N_{\boldsymbol{S}_j}$ 分别表示训练子数据集 $\boldsymbol{S}_i$ 和 $\boldsymbol{S}_j$ 的样本数。

11.3.3 基于权重的决策树投票法

若样本数据中包含的噪声较大，采用 RF 模型的等权直接投票方式对样本数据进行分类可能会产生错误，增加模型泛化误差。鉴于此，采用加权投票方式对模型进行改进，并且该权重由各决策树的分类精度来确定。

RF 算法采用 Bootstrap 抽样法[22]生成子训练集时，会导致有部分训练集中的样本未进入决策树的采样集，这部分未采集到的样本被称为袋外数据（Out-of-Bag，OOB），决策树的分类精度可以利用 OOB 进行评估。首先，将 OOB 数据验证集中的点云数据输入弱相关 RF 模型，依次测试每棵决策树。然后，计算每棵决策树的分类精度 t_{acci}，计算式为

$$t_{acci} = \frac{N_{\boldsymbol{T}_i}}{N_{\text{OBB}}}, \ i = 1, 2, \cdots, l \tag{11.21}$$

式中，$N_{\boldsymbol{T}_i}$ 表示第 i 棵决策树 $\boldsymbol{T}_i$ 正确分类的样本数量；N_{OBB} 表示 OOB 数据验证集中的样本数量；l 表示决策树数量。

由此可得弱相关 RF 模型的精度向量 $\boldsymbol{T}_{\text{acc}}$ 为

$$\boldsymbol{T}_{\text{acc}} = [t_{\text{acc}1}, t_{\text{acc}2}, \cdots, t_{\text{acc}l}] \tag{11.22}$$

最后，利用精度向量 T_{acc} 作为决策树投票时的权重向量，得到加权 RF 投票模型 $H(x)$，其计算式为

$$H(x) = \sum_{i=1}^{l} t_{acci} h_i(x) \tag{11.23}$$

式中，$t_{acci} \in T_{acc}$，$i = 1, 2, \cdots, l$。

11.3.4　基于加权 RF 的精分割算法步骤

采用基于加权 RF 对点云进行精分割的具体步骤如下：

（1）采用 Bootstrap 取样法从样本中进行 m 次有放回采样，得到一个样本训练集 S。

（2）对特征集进行 n 次不放回采样，得到 n 个候选特征作为特征集 A。

（3）从特征集 A 中根据信息增益指标选择一个最优属性用于划分类别，并根据该属性的不同取值再建立各子节点，直到构建好一棵含 m 个样本和 n 个特征的决策树。

（4）重复步骤（1）～步骤（3）l 次，得到 l 棵决策树，生成初始 RF 模型。

（5）求解特征相关系数 C_f、输入样本相关系数 C_s 及决策树相关系数 C_t，将决策树相关系数 C_t 大于阈值 δ 的决策树提取出来构成决策树集，并根据分类误差 E_{err} 选择每个集合中误差最小的决策树，用来构成弱相关 RF 模型。

（6）利用 OOB 数据作为验证集，得到每棵决策树的分类精度，并将其作为相应的权重值，构成加权弱相关 RF 模型，用于实现点云精分割。

11.4　点云分割算法的评价指标

对于点云分割算法的性能评价，通常选取总体准确率（Overall Accuracy，OA）、类别平均准确率（Mean Class Accuracy，MCA）和类别平均交并比（Mean Intersection Over Union，MIOU）3 个指标来度量分割的准确率[23]。

指标 OA、MCA 和 MIOU 的计算式分别为

$$OA = \frac{\sum_{i=1}^{N_{class}} N_{ii}}{\sum_{i=1}^{N_{class}} \sum_{j=1}^{N_{class}} N_{ij}} \qquad (11.24)$$

$$MCA = \frac{1}{N_{class}} \sum_{i=1}^{N_{class}} \frac{N_{ii}}{\sum_{j=1}^{N_{class}} N_{ij}} \qquad (11.25)$$

$$MIOU = \frac{1}{N_{class}} \sum_{i=1}^{N_{class}} \frac{N_{ii}}{\sum_{j=1}^{N_{class}} N_{ij} + \sum_{i=1}^{N_{class}} N_{ji} + N_{ii}} \qquad (11.26)$$

式中，N_{class} 表示分割的类别数；N_{ii} 表示类别 i 的点被正确预测的数目；N_{ij} 表示将类别 i 的点预测为类别 j 的点的数目；N_{ji} 表示将类别 j 的点预测为类别 i 的点的数目。

11.5　实验结果与分析

在点云分割算法的实验中，主要采用 ModelNet 40 数据集[24]、Semantic 3D 数据集[25]及文物数据集来验证本章的分割算法。

11.5.1　ModelNet 40 点云分割

ModelNet 40 数据集是由普林斯顿大学提供的，包含 40 个类别的 CAD 三维点云数据模型，这里主要采用 Chair、Table 和 Airplane 点云数据模型来验证点云分割算法。

根据构造部位，将 Chair 点云分割为 4 个语义类，即靠背、扶手、座面和腿；将 Table 点云分割为 3 个语义类，即桌面、桌洞和桌腿；将 Airplane 点云分割为 3 个语义类，即机身、机翼和机尾。分别对 3 个点云采用基于张量特征的分割算法[26]、基于邻域共生矩阵（Neighborhood Co-occurrence Modeling，NCM）的分割算法[27]和本章算法进行分割，结果如图 11.1～图 11.3 和表 11.1 所示。

（a）Chair 点云　（b）基于张量特征的分割算法（c）基于 NCM 的分割算法　（d）本章算法

图 11.1　Chair 点云的分割结果

（a）Table 点云　（b）基于张量特征的分割算法（c）基于 NCM 的分割算法　（d）本章算法

图 11.2　Table 点云的分割结果

（a）Airplane 点云（b）基于张量特征的分割算法（c）基于 NCM 的分割算法　（d）本章算法

图 11.3　Airplane 点云的分割结果

表 11.1　ModelNet 40 点云数据模型的分割准确率和耗时

ModelNet 40 点云数据模型	分割算法	分割类别数/个	分割准确率/%			耗时/s
			OA	MCA	MIOU	
Chair 点云	基于张量特征的分割算法	4	83.7	22.1	18.3	20.6
	基于 NCM 的分割算法		88.3	43.5	35.4	17.4
	本章算法		92.8	52.9	44.6	11.7
Table 点云	基于张量特征的分割算法	3	81.5	20.4	16.7	23.3
	基于 NCM 的分割算法		83.9	42.0	34.3	20.2
	本章算法		90.4	50.8	42.5	14.6

续表

ModelNet 40 点云数据模型	分割算法	分割类别数/个	分割准确率/%			耗时/s
			OA	MCA	MIOU	
Airplane 点云	基于张量特征的分割算法	3	80.6	18.2	17.1	24.8
	基于 NCM 的分割算法		84.2	39.7	32.2	21.5
	本章算法		90.0	48.6	40.8	15.9

从图 11.1～图 11.3 和表 11.1 的分割结果可见，基于张量特征的分割算法对 Chair 点云的靠背和座面、Table 点云的桌面和桌洞及 Airplane 点云的机身和机尾等语义类存在较为明显的误分割；基于 NCM 的分割算法对 Chair 点云的靠背和座面、Table 点云的桌面和桌腿及 Airplane 点云的机身和机尾等语义类存在一定程度的误分割；而本章算法比其他两种分割算法的准确率有显著提高且时间有明显缩短，在语义类划分上没有明显的错误，较小程度的误划分主要存在于分割边界小部分点云的语义类归属问题上。

11.5.2 Semantic 3D 点云分割

Semantic 3D 数据集是网络上公开的数据集，主要提供了城市户外场景的 3D 点云数据，包括教堂、街道、铁轨、广场、村庄、足球场和城堡等多种类型的自然场景，均是采用静态地面激光扫描仪获取的密集点云数据，这里主要采用其中的 3 个场景来验证点云分割算法。

根据景物类型，将实验所用的 3 个场景主要分割为 6 个语义类，即路面、草地、植被、建筑物、车及其他人造景观。对 3 个场景的点云数据模型分别采用基于张量特征的分割算法[25]、基于 NCM 的分割算法[26]和本章算法进行分割，结果如图 11.4～图 11.6 和表 11.2 所示。

（a）场景 1　　　　　　　（b）基于张量特征的分割算法

图 11.4　场景 1 的分割结果

（c）基于 NCM 的分割算法　　　　　　（d）本章算法

图 11.4　场景 1 的分割结果（续）

（a）场景 2　　　　　　　　（b）基于张量特征的分割算法

（c）基于 NCM 的分割算法　　　　　　（d）本章算法

图 11.5　场景 2 的分割结果

（a）场景 3　　　　　　　　（b）基于张量特征的分割算法

（c）基于 NCM 的分割算法　　　　　　（d）本章算法

图 11.6　场景 3 的分割结果

139

表 11.2　Semantic 3D 点云数据模型的分割准确率和耗时

Semantic 3D 点云数据模型	分割算法	分割类别数/个	分割准确率/%			耗时/s
			OA	MCA	MIOU	
场景 1	基于张量特征的分割算法	3	81.5	19.7	16.1	33.2
	基于 NCM 的分割算法		86.2	41.1	33.2	31.7
	本章算法		90.3	50.5	42.5	24.0
场景 2	基于张量特征的分割算法	5	79.4	18.2	14.7	37.7
	基于 NCM 的分割算法		81.8	39.8	32.5	34.1
	本章算法		88.2	48.2	39.9	28.4
场景 3	基于张量特征的分割算法	6	78.3	16.0	15.0	39.9
	基于 NCM 的分割算法		82.0	37.5	30.3	36.2
	本章算法		87.9	46.1	38.7	30.5

从图 11.4～图 11.6 和表 11.2 的分割结果可见，基于张量特征的分割算法对场景 1 低植被的语义类划分，场景 2 建筑物和汽车的语义类划分，以及场景 3 建筑物、汽车和其他人造景观的语义类划分均存在较为明显的误分割；基于 NCM 的分割算法对场景 1 低植被的语义类划分，场景 2 建筑物和汽车的语义类划分，以及场景 3 建筑物和其他人造景观的语义类划分存在一定程度的误分割；而本章算法比其他两种分割算法的准确率有显著提高和耗时有明显缩短，在语义类划分上没有明显错误。

11.5.3　文物点云分割

本节实验采用的文物数据集是由西北大学可视化技术研究所提供的兵马俑点云数据集，是采用静态地面激光扫描仪获取的密集点云数据模型。该数据集中包含铠甲俑、车兵俑、立射俑、跪射俑、武士俑、军吏俑及马俑等多种类型的文物点云数据模型，下面以两个铠甲俑为例来验证点云分割算法。

对于铠甲俑的点云数据模型，根据身体部位可将其分割为 5 个语义类，即 C1 类（头部）、C2 类（铠甲）、C3 类（裙摆）、C4 类（上肢）及 C5 类（下肢和手部）。其中，C1 类具有明显的五官轮廓特征信息；C2 类具有分布均匀的铠甲上的正方形纹理特征信息；C3 类为裙摆部分，表面相对光滑，曲面弯曲程度较小；C4 类是上肢的服饰部分，具有线形褶皱特征信息；C5 类具有手部和脚部的轮廓特征信息，以及弯曲程度较大的腿部特征信息。

以 G10-52 号和 G10-67 号两个铠甲俑的点云数据模型为例，对其分别采用基于张量特征的分割算法、基于 NCM 的分割算法和本章算法进行分割，结果如图 11.7、图 11.8 和表 11.3 所示。

（a）G10-52 号铠甲俑　（b）基于张量特征的分割算法　（c）基于 NCM 的分割算法　（d）本章算法

图 11.7　G10-52 号铠甲俑的分割结果

（a）G10-67 号铠甲俑　（b）基于张量特征的分割算法　（c）基于 NCM 的分割算法　（d）本章算法

图 11.8　G10-67 号铠甲俑的分割结果

表 11.3　文物点云数据模型的分割准确率和耗时

文物点云数据模型	分割算法	分割类别数/个	分割准确率/%			耗时/s
			OA	MCA	MIOU	
G10-52 号铠甲俑	基于张量特征的分割算法	5	75.1	14.6	11.0	40.1
	基于 NCM 的分割算法		78.2	32.1	28.7	36.2
	本章算法		83.4	44.4	36.4	30.5
G10-67 号铠甲俑	基于张量特征的分割算法	5	74.3	13.1	10.0	42.3
	基于 NCM 的分割算法		77.0	30.9	27.3	37.7
	本章算法		82.6	42.7	34.9	31.8

从图 11.7、图 11.8 和表 11.3 的分割结果可见，基于张量特征的分割算法对 C3 类（裙摆）和 C1 类（头部）的分割存在明显误差，该算法将 G10-52 号铠甲俑的部分 C3 类（裙摆）信息划分到了 C2 类（铠甲）中，将 G10-67 号铠甲俑的部分 C5 类（下肢和手部）信息划分到了 C3 类（裙摆）中，而且 G10-52 号铠甲俑和 G10-67 号铠甲俑的部分 C1 类（头部）信息也都被划分到了 C2 类（铠甲）中；基于 NCM 的分割算法主要存在 C2 类（铠甲）的分割误差，该算法将 G10-52 号铠甲俑的部分 C4 类（上肢）信息划分到了 C2 类（铠甲）中，将 G10-67 号铠甲俑的部分 C5 类（下肢和手部）信息划分到了 C2 类（铠甲）中；本章算法比其他两种分割算法的准确率有显著提高且耗时有明显缩短，在对铠甲俑的大类划分上没有明显的误差，误划分主要存在于分割边界小部分点云的语义类归属问题上，可以实现文物点云数据模型比较准确的分割。

这是由于基于张量特征的分割算法首先计算点及其邻域点的张量特征，然后对张量进行分解以提取点云的形状特征，最后通过特征聚类来实现点云分割。该算法提取的特征是点云的单一特征，比较适合对小规模点云进行分割，对大规模点云进行分割时，其分割精度还有待进一步提高。基于 NCM 的分割算法利用 NCM 模拟点云中的局部共生关系，通过计算目标 NCM 和预测 NCM 之间的相似性实现点云分割。该算法可以有效处理点云间的差异，提高语义分割的性能，但是在特征相似性计算方面耗时较长，不适合对大规模点云进行分割。本章提出的是一种基于 SVM 和加权 RF 的点云分割算法，首先利用点云的多种特征来构造特征向量以训练 SVM 分类器，并采用"一对一"策略实现粗分割，然后利用 MIC 和 SCC 系数选取相关性低且分类误差小的决策树来构建加权 RF 模型，以实现点云的精分割。本章算法对大规模点云和小规模点云均有良好的分割效果，可以显著提高点云分割的准确率并降低耗时，是一种有效的点云分割算法。

11.6 本章小结

点云分割可以按照属性将点云划分为不同的区域，其分割精度对后续的数据处理有重要影响。为了提高点云分类的精度，实现物体或场景的精分割，本章提出了一种基于 SVM 和加权 RF 的点云分割算法。该算法首先利用三维坐标值、RGB 值、回波强度、点云密度、法向量和平均曲率等特征作为 SVM 分类器的特征向量，采用"一对一"策略实现点云初始粗分割；然后利用最大互信息系数和样本相关性系数评估决策树的相关性，并据此对决策树进行加权，构建弱相关加权 RF 模型，实现点云的精分割。与传统使用单一特征进行点云分割的算法相比，该算法的分割准确率和效率均有明显提升。在后续研究中，需进一步考虑深度学习技术在点云分割中的应用，重点研究相邻曲面的精分割，进一步提高分割的准确率，扩大应用范围。

本章参考文献

[1] LIU D S, TIAN Y, ZHANG Y J, et al. Heterogeneous data fusion and loss function design for tooth point cloud segmentation[J]. Neural Computing and Applications, 2022, 34(20): 17371-17380.

[2] 张瑞菊，周欣，赵江洪，等. 一种古建筑点云数据的语义分割算法[J]. 武汉大学学报（信息科学版），2020，45（5）：753-759.

[3] ZHANG R J, ZHOU X, ZHAO J H, et al. semantic segmentation algorithm for point cloud data of ancient buildings[J]. Journal of Wuhan University (Information Science Edition), 2020, 45(5): 753-759.

[4] ENES A M, ZAIDE D. An efficient ensemble deep learning approach for

semantic point cloud segmentation based on 3D geometric features and range images[J]. Sensors, 2022, 22(16): 6210-6225.

[5] LI X W, ZHANG F B, LI Y L, et al. An elevation ambiguity resolution method based on segmentation and reorganization of TomoSAR point cloud in 3D mountain reconstruction[J]. Remote Sensing, 2021, 13(24): 5118-5133.

[6] 陈向宇，云挺，薛联凤，等. 基于激光雷达点云数据的树种分类研究[J]. 激光与光电子学进展，2019，56（12）：122801.

[7] CHEN C, LI X, BELKACEM A N, et al. The mixed kernel function SVM-based point cloud classification[J]. International Journal of Precision Engineering and Manufacturing, 2019, 20(5): 737-747.

[8] NI H, LIN X, ZHANG J. Classification of ALS point cloud with improved point cloud segmentation and random forests[J]. Remote Sensing, 2017, 9(3): 288-322.

[9] ZHAO Z, SONG Y, CUI F, et al. Point cloud features-based kernel SVM for human-vehicle classification in millimeter wave radar[J]. IEEE Access, 2020, 8: 12-27.

[10] BICICI S, ZEYBEK M. Effectiveness of training sample and features for random forest on road extraction from unmanned aerial vehicle-based point cloud[J]. Transportation Research Record, 2021, 2675(12): 401-418.

[11] BOSLIM N I, SHUKOR S A A, Isa S N M, et al. Performance analysis of different classifiers in segmenting point cloud data[C]//Journal of Physics: Conference Series, 2021, 2107(1): 012003.

[12] WANG Z, YANG L, SHENG Y, et al. Pole-like objects segmentation and multi-scale classification-based fusion from mobile point clouds in road scenes[J]. Remote Sensing, 2021, 13(21): 4382-4394.

[13] WEINMANN M, JUTZI B, HINZ S, et al. Semantic point cloud interpretation based on optimal neighborhoods, relevant features and efficient classifiers[J]. Journal of Photogrammetry and Remote Sensing, 2015, 105: 286-304.

[14] 汪献义. 基于几何特征的 TLS 林分点云分类研究[D]. 哈尔滨：东北林业大学，2019.

[15] 赵煦. 基于地面激光扫描点云数据的三维重建方法研究[D]. 武汉：武汉

大学，2010.

[16] 刘雪丽. 基于局部空间特征的点云分类方法研究[D]. 北京：北京交通大学，2019.

[17] PICCIALLI V, SCIANDRONE M. Nonlinear optimization and support vector machines[J]. Annals of Operations Research, 2022, 314(1): 15-47.

[18] WANG F, ZHANG H, ZHOU A. A particle swarm optimization algorithm for mixed-variable optimization problems[J]. Swarm and Evolutionary Computation, 2021, 60: 100808-100820.

[19] ABDULKAREEM N M, ABDULAZEEZ A M. Machine learning classification based on random forest algorithm: A review[J]. International Journal of Science and Business, 2021, 5(2): 128-142.

[20] SUN G L, LI G B, DAI J, et al. Feature selection for IoT based on maximal information coefficient[J]. Future Generation Computer Systems, 2018, 89(1): 606-616.

[21] 薛豆豆，程英蕾，释小松，等. 综合布料滤波与改进随机森林的点云分类算法[J]. 激光与光电子学进展，2020，57（22）：192-200.

[22] 张德存. 统计学[M]. 北京：科学出版社，2009.

[23] SHARMA G, DASH B, ROYCHOWDHURY A, et al. PriFit: Learning to fit primitives improves few shot point cloud segmentation[J]. Computer Graphics Forum, 2022, 41(5): 39-50.

[24] PRINCETON UNIVERSITY. ModelNet 40 datasets[EB/OL]. [2022-03-19]. http://model net.cs.princeton.edu.

[25] HACKEL T, SAVINOV N, LADICKÝ L, et al. Semantic 3D datasets [EB/OL]. [2022-05-15]. http://www.semantic3d.net.

[26] WANG X, LYU H Y, MAO T Y, et al. Point cloud segmentation from iPhone-based LiDAR sensors using the tensor feature[J]. Applied Sciences, 2022, 12(4): 1817-1830.

[27] GONG J Y, YE Z, MA Z. Neighborhood co-occurrence modeling in 3D point cloud segmentation[J]. Computational Visual Media, 2021, 8(2): 303-315.

第六部分

第 **12** 章

基于特征融合的点云数据模型
快速检索算法

12.1 引言

本章以兵马俑碎片的点云数据模型为例，研究一种快速、高精度的点云数据模型检索算法。兵马俑是一种较为复杂的文物模型，在出土挖掘过程中破损严重，碎片数量较多，并且存在碎片缺失、形状各异及特征模糊等问题。在计算机辅助兵马俑虚拟复原时，直接将大量碎片进行拼接复原是一项 NP 难题，因此有必要设计高效的碎片智能检索方法，将碎片按照一定规则划分为若干子集，从而降低碎片配准时的穷举规模，为配准拼接工作提供指导和约束，提高虚拟修复效率。

针对复杂兵马俑碎片三维模型引起的碎片检索困难问题，本章提出了一种基于特征融合的点云数据模型快速检索算法。该算法融合了碎片点云的曲率和法向夹角特征，并通过迭代对融合特征进行配准来实现模型检索。该算法不仅可以准确描述碎片的表面几何特征，而且可以避免算法陷入局部极值，从而提高碎片检索的精度和速度。

12.2　特征计算

12.2.1　曲率特征

曲率可以有效反映点云表面的凹凸程度，越是特征明显的点云区域，其曲率也就越大，而特征不够明显的区域，其曲率也就越小。这里采用 K-D 树构造点云上点及其邻域点的切平面计算曲率。

对于点云数据模型 $D = \{d_i\}$，$i = 1, 2, \cdots, N_D$，其中，N_D 表示点云 D 中包含的点数，采用 K-D 树计算点 d_i 的 k 邻域点，该算法需要查找点 d_i 周围固定半径为 r 的 k 个邻域点，查找邻域点可通过判断两点之间的欧氏距离实现，这种方法具有较高的处理效率。这里，k 不是一个固定的整数值，需要在实验中设置 k 的上限，而 r 是一个固定半径，需要在实验中给出。

K-D 树邻域点查询算法的步骤如下：

（1）确定点云 D 的划分维度和划分点。通常从方差最大的维度开始划分，这样可以确保良好的划分效果和平衡性。根据该维度上点的数值进行排序，并取中值点作为点云的划分点。

（2）确定点云 D 的左、右子空间。分割超平面过划分点可以将点云 D 划分为两个部分，数值小于中值点的划为左子空间，剩下的部分划为右子空间。

（3）对于左、右子空间，分别重复步骤（1）和步骤（2），以相同的方式递归地进行分割，直到分割的子空间内点的个数满足条件为止，由此即构建好了 K-D 树。

（4）从 K-D 树的根节点开始，按照查询点与各节点的比较结果向下访问 K-D 树，直至达到叶子节点。计算查询点与叶子节点上保存的数据之间的距离，若距离小于 r，则记录该点的索引和距离。

（5）回溯搜索路径，并判断搜索路径上节点的其他子节点空间中是否有与查询点距离小于 r 的点。若有，则跳到该子节点空间中去搜索，执行与步骤（4）相同的查找过程；否则，继续回溯过程直到搜索路径为空。

通过上述步骤即可查询出点云 D 上任意一点 d_i 的 k 邻域点。

假设 x 轴和 y 轴是点云 $\boldsymbol{D}$ 上点 $\boldsymbol{d}_i$ 及其 k 邻域点拟合切平面上的两个正交向量，z 轴是点云 $\boldsymbol{D}$ 的法向量，那么 x 轴、y 轴和 z 轴就构成了笛卡儿坐标系。可以定义点 $\boldsymbol{d}_i$ 的切平面 $S(x,y,z)$ 为

$$S(x,y,z) = (x,y,z(x,y)) = ax + by + cx^2 + dxy + ey^2 \tag{12.1}$$

在式（12.1）中，存在一组数值 a,b,c,d,e 使其成立，采用线性方程组可表示为

$$\begin{pmatrix} x_1 & y_1 & x_1^2 & x_1y_1 & y_1^2 \\ x_2 & y_2 & x_2^2 & x_2y_2 & y_2^2 \\ \vdots & \vdots & \vdots & \vdots & \vdots \\ x_s & y_s & x_s^2 & x_sy_s & y_s^2 \end{pmatrix} \begin{pmatrix} a \\ b \\ c \\ d \\ e \end{pmatrix} = \begin{pmatrix} z_1 \\ z_2 \\ \vdots \\ z_s \end{pmatrix} \tag{12.2}$$

求解式（12.2）的通解，即可得到 a,b,c,d,e 的值。

计算点 $\boldsymbol{d}_i$ 的切平面 $S(x,y,z)$ 的高斯曲率 K_i 为

$$K_i = \frac{2c - d^2}{(1+a^2+b^2)^2} \tag{12.3}$$

点 $\boldsymbol{d}_i$ 的切平面 $S(x,y,z)$ 的平均曲率 $\bar{H}_i$ 为

$$\bar{H}_i = \frac{(1+a^2)e + (1+b^2)c - abd}{\sqrt{(1+a^2+b^2)^3}} \tag{12.4}$$

点 $\boldsymbol{d}_i$ 的切平面 $S(x,y,z)$ 的两个主曲率 R_{i1}、R_{i2} 为

$$\begin{cases} R_{i1} = \bar{H}_i - \sqrt{\bar{H}_i - K_i} \\ R_{i2} = \bar{H}_i + \sqrt{\bar{H}_i - K_i} \end{cases} \tag{12.5}$$

12.2.2 法向夹角

法向夹角是指数据点法线方向与其邻域点法线方向的夹角，可用于描述点云表面的弯曲程度[1]。

对于点云 $\boldsymbol{D}$ 上任意一点 $\boldsymbol{d}_i$，通过查询 $\boldsymbol{d}_i$ 的 k 邻域点可计算其协方差矩阵 $\boldsymbol{C}_i$ 为

$$\boldsymbol{C}_i = \begin{bmatrix} \boldsymbol{d}_{i1} - \bar{\boldsymbol{d}}_i \\ \vdots \\ \boldsymbol{d}_{ik} - \bar{\boldsymbol{d}}_i \end{bmatrix}^{\mathrm{T}} \begin{bmatrix} \boldsymbol{d}_{i1} - \bar{\boldsymbol{d}}_i \\ \vdots \\ \boldsymbol{d}_{ik} - \bar{\boldsymbol{d}}_i \end{bmatrix} \tag{12.6}$$

式中，$\bar{d}_i$ 表示 d_i 的 k 邻域点的质心。

计算协方差矩阵 C_i 的特征值，假设其特征值为 $\lambda_1 \leqslant \lambda_2 \leqslant \lambda_3$，那么点 d_i 的法线就是协方差矩阵 C_i 最小特征值对应的特征向量的方向。假设特征值 $\lambda_1 \leqslant \lambda_2 \leqslant \lambda_3$ 对应的特征向量分别为 e_1, e_2, e_3，那么特征值 λ_1 就表示点云表面沿法线方向的变化量，点 d_i 的法线方向就是 $n_i = e_1$。

假设点 d_j 为点 d_i 的任意一个邻域点，点 d_i 和 d_j 的法线方向分别为 n_{d_i} 和 n_{d_j}，那么点 d_i 和 d_j 的法向夹角 $\theta_{d_i d_j}$ 为

$$\theta_{d_i d_j} = \arccos \frac{n_{d_i} \cdot n_{d_j}}{|n_{d_i}| \cdot |n_{d_j}|} \tag{12.7}$$

式中，$\theta_{d_i d_j}$ 的取值范围是 $[0, \pi]$。

定义点 d_i 的法向夹角参数 $\omega_\alpha(d_i)$ 为

$$\omega_\alpha(d_i) = \sum_{d_j \in M(d_i)} \theta_{d_i d_j} \tag{12.8}$$

法向夹角参数 $\omega_\alpha(d_i)$ 反映了点 d_i 的所有 k 邻域点对点云表面弯曲程度的影响。$\omega_\alpha(d_i)$ 越大，点 d_i 及其 k 邻域点的表面弯曲程度就越大，点 d_i 的邻域成为特征区域的可能性就越大；反之，$\omega_\alpha(d_i)$ 越小，点 d_i 的 k 邻域点的表面就越光滑，点 d_i 的邻域成为特征区域的可能性就越小。

12.3　特征融合

基于以上对曲率和法向夹角参数的计算，定义点 d_i 的融合特征参数 $\omega(d_i)$ 为

$$\omega(d_i) = \alpha R_{i1} + \beta R_{i2} + \omega_\alpha(d_i) \tag{12.9}$$

式中，α 和 β 表示曲率系数，均为正数。

由式（12.9）可见，主曲率 R_{i1}, R_{i2}、法向夹角 $\omega_\alpha(d_i)$ 与融合特征参数 $\omega(d_i)$ 均成正比。R_{i1}、R_{i2} 和 $\omega_\alpha(d_i)$ 越大，点 d_i 成为特征点的概率就越高；反之，R_{i1}、R_{i2} 和 $\omega_\alpha(d_i)$ 越小，点 d_i 成为特征点的概率就越低。

12.4 基于融合特征配准的检索

基于以上融合特征参数 $\omega(\boldsymbol{d}_i)$，通过将大量三维模型与一个已知模型进行融合特征配准即可实现模型检索。

假设已知点云数据模型为 $\boldsymbol{M} = \{\boldsymbol{m}_j \mid \boldsymbol{m}_j \in \boldsymbol{R}^3, i = 1, 2, \cdots, N_M\}$，某个待检索的目标点云数据模型为 $\boldsymbol{D} = \{\boldsymbol{d}_i \mid \boldsymbol{d}_i \in \boldsymbol{R}^3, i = 1, 2, \cdots, N_D\}$，采用上述融合特征配准算法将 $\boldsymbol{M}$ 与 $\boldsymbol{D}$ 进行配准检索的具体步骤描述如下：

（1）对于参考点云 $\boldsymbol{M}$ 和目标点云 $\boldsymbol{D}$，利用 K-D 树算法查询其上任意一点 $\boldsymbol{d}_i \in \boldsymbol{D}$ 和 $\boldsymbol{m}_j \in \boldsymbol{M}$ 的 k 邻域点，并计算点 $\boldsymbol{d}_i$ 的主曲率、法向夹角和融合特征参数。

（2）计算目标点云 $\boldsymbol{D}$ 在参考点云 $\boldsymbol{M}$ 中的相关点 $\{\boldsymbol{m}_j^s \mid \boldsymbol{m}_j^s \in \boldsymbol{R}^3, j = 1, 2, \cdots, N_M\}$，计算式为

$$f(i, j) = \min \| \boldsymbol{m}_j^s - \boldsymbol{d}_i^s \| \tag{12.10}$$

式中，s 表示迭代次数，初始设置为 0。

（3）判断式（12.11）和式（12.12）是否成立，若成立，则点 $\boldsymbol{d}_i$ 即为点 $\boldsymbol{m}_j$ 的配准点。

$$\left| \left[R_{i1}(\boldsymbol{d}_i) + R_{i2}(\boldsymbol{d}_i) \right] - \left[R_{j1}(\boldsymbol{m}_j) + R_{j2}(\boldsymbol{m}_j) \right] \right| \leqslant \tau_{\text{curvature}} \tag{12.11}$$

$$| \omega_\alpha(\boldsymbol{d}_i) - \omega_\alpha(\boldsymbol{m}_j) | \leqslant \tau_{\text{normal}} \tag{12.12}$$

式中，R_{i1}, R_{i2} 表示邻域点的两个主曲率；ω_α 表示邻域点的法向夹角；$\tau_{\text{curvature}}$ 和 τ_{normal} 分别表示曲率和法向夹角的阈值。

（4）令 $s = s + 1$，利用式（12.13）计算旋转矩阵 $\boldsymbol{R}^s$、平移向量 $\boldsymbol{t}^s$ 和 $\boldsymbol{D}^s$，$\boldsymbol{D}^s = \boldsymbol{R}^s \boldsymbol{D} + \boldsymbol{t}^s$。

$$g(\boldsymbol{R}, \boldsymbol{t}) = \min \sum_{i=1}^{N_M} \| \boldsymbol{R}^s \boldsymbol{d}_i^s + \boldsymbol{t}^s - \boldsymbol{m}_i^s \|^2 \tag{12.13}$$

（5）从点云的邻域点 $\boldsymbol{M}_j^s$ 中寻找 $\boldsymbol{D}^s$ 的任意点 $\boldsymbol{D}_i^s$ 的配准点，并计算相关点的配准误差 RMS^s，其计算式为

$$\text{RMS}^s = \sum_{i=1}^{N_M} \| \boldsymbol{D}_i^s - \boldsymbol{M}_i^s \|^2 + H(\boldsymbol{D}_i^s, \boldsymbol{M}_j^s) + \omega_\alpha(\boldsymbol{D}_i^s, \boldsymbol{M}_j^s) \tag{12.14}$$

（6）重复步骤（4）～步骤（5），直到配准误差 RMS^s 小于预设阈值 ε 或达到最大迭代次数 step_{max} 为止。

（7）判断 RMS^s 的值，若 RMS^s 小于给定阈值 ε，那么目标点云 *D* 就可以和参考点云 *M* 正确配准，点云 *D* 就是检索到的点云 *M* 的相似模型。否则，点云 *D* 就不是点云 *M* 的相似模型。

对待检索模型执行上述融合特征配准算法即可实现模型检索。

12.5　实验结果与分析

本节实验采用西北大学可视化技术研究所提供的兵马俑碎片验证本章所提检索算法。以 50 个已经拼合的兵马俑为模板，共包含 1036 个碎片。碎片数量较大，这里仅展示部分碎片，如图 12.1 所示，碎片均采用三维点云数据模型表示。按照兵马俑的身体部位，将碎片按照 5 种类别进行检索，即 C1 类（头部碎片）、C2 类（躯干碎片）、C3 类（裙摆碎片）、C4 类（上肢碎片）和 C5 类（下肢碎片）。

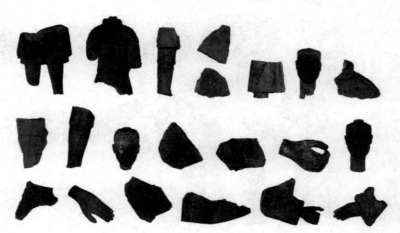

图 12.1　部分兵马俑碎片

采用本章算法，以图 12.2 所示的头部碎片、躯干碎片、裙摆碎片、上肢碎片和下肢碎片为检索参考模型。

（a）头部碎片　　（b）躯干碎片　　（c）裙摆碎片　　　（d）上肢碎片　　（e）下肢碎片

图 12.2　检索参考模型

首先，计算碎片点云数据模型的曲率和法向夹角，并将其加权融合；然后，通过对融合特征的配准来实现碎片检索。本章算法的碎片检索结果如图 12.3 所示。

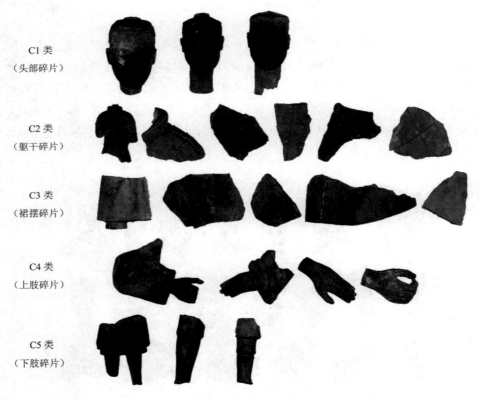

C1 类
（头部碎片）

C2 类
（躯干碎片）

C3 类
（裙摆碎片）

C4 类
（上肢碎片）

C5 类
（下肢碎片）

图 12.3　碎片检索结果

对大量兵马俑碎片的点云数据模型进行检索分析，结果发现曲率系数 α 和 β 对特征参数的计算结果有较大影响。同时，由于邻域点的数量与点云密度及其分布的均匀性有很大关系，因此当点云数据模型的密度较大时，α 和 β 的取值较小，当点云数据模型的密度较小时，α 和 β 的取值较大。通过实验验证，通常建议 α 和 β 的取值范围均为 10～30。本实验中，α 和 β 的取值均为 20。

　　为了验证本章所提算法的精度，对上述实验中兵马俑的 1036 个碎片再分别采用基于多层深度网络的三维模型检索算法[2]及基于模糊 C 均值和卷积神经网络的模型检索算法[3]进行检索，检索结果的准确率如表 12.1 所示。

表 12.1　3 种检索算法的准确率

碎片部位	不同检索身份的准确率/%		
	基于多层深度网络的三维模型检索算法	基于模糊 C 均值和卷积神经网络的模型检索算法	本章算法
C1 类	81.22	82.24	88.25
C2 类	77.30	78.35	84.42
C3 类	75.69	76.73	82.77
C4 类	78.11	79.12	85.16
C5 类	76.49	77.51	85.54

　　从表 12.1 的检索结果可见，本章算法的准确率最高，检索效果最佳。这是由于基于多层深度网络的三维模型检索算法通过构建局部信息和全局信息的特征学习模型实现模型检索。虽然该算法在一定程度上提高了检索效率，但是采用的特征表示方法对兵马俑碎片模型的整体信息表达相对较差，因此检索的准确率依旧不够高。基于模糊 C 均值和卷积神经网络的模型检索算法将直觉模糊集引入模型特征以实现碎片特征分离，并根据分离特征实现模型检索。但是该算法需要人为设置检索参数，检索时间复杂度较高，对交叉特征的检索效果较差，从而影响了检索的准确率。而本章算法融合了兵马俑碎片的两个主曲率和法向夹角特征，并通过迭代对融合特征进行配准来实现模型检索，不仅可以准确描述碎片的几何特征，而且可以避免算法陷入局部极值，从而提高检索精度和速度。由此可见，本章所提基于特征融合的点云数据模型快速检索算法是一种有效的高精度兵马俑碎片检索方法。

12.6　本章小结

在基于特征的三维模型检索方法中，选择合适的特征并对其进行表示和融合是模型检索要解决的关键问题。本章算法融合了曲率和法向夹角特征，并通过对融合特征的相似性配准实现了三维模型的精确检索。通过将该算法应用到兵马俑碎片检索中，可以实现碎片分类，降低后期碎片配准的穷举规模，为碎片拼接提供指导和约束，提高兵马俑虚拟修复技术在文物数字化保护中的应用能力。但是，本章算法采用的是加权求和的特征融合方式，通用性不够高，因此后期研究中要考虑将视觉显著性应用到模型特征提取中，将多模态应用于特征融合中，以进一步提高模型检索精度。

本章参考文献

[1]　SOONTHAREE T, NITHIMA P. Comparison of lumbar spinal angle between normal body mass index and overweight young adults[J]. Journal of Physical Therapy Science, 2015, 27(7): 2343-2349.

[2]　NIE W Z, XIANG S, LIU A. Multi-scale CNNs for 3D model retrieval[J]. Multimedia Tools and Applications, 2018, 77(6): 50-59.

[3]　王瑶瑶. 基于卷积神经网络优化模型的兵马俑碎片分类方法研究[D]. 西安：西北大学，2019.

第七部分

第**13**章

点云数据处理技术
在文物修复中的应用

13.1　引言

　　破损文物的数字化修复是文物三维建模和虚拟展示的关键研究热点之一。以虚拟修复指导实体修复，可以有效解决传统手工修复速度慢、准确率低、可逆性差等问题，得到了日益广泛的应用[1,2]。

　　对于兵马俑类的非薄壁文物，其虚拟修复就是一个求解碎片断裂面配准的三维刚体变换的过程。目前，国内外学者提出了许多碎片虚拟配准的方法，如 W. Yang 等[3]提出了一种结合厚度特征和轮廓特征的配准方法，通过配准碎片的上轮廓线和下轮廓线实现碎片配准拼接，但是该方法对轮廓线缺失明显的碎片的配准效果不佳；耿国华等[4]提出了一种基于文物碎片断裂面上的点邻域特征的配准方法，可以获得较高的配准精度和配准效率，但其抗噪性不佳；胡佳贝等[5]提出了一种基于生成树代价和几何约束的碎片配准方法，通过计算断裂面上凹凸特征点的主曲率实现碎片配准，可以有效降低算法的计算量，但是在特征提取阶段的耗时较长；高宏娟等[6]利用文物原始表面的纹理几何特征构建碎片的邻接关系，从而实现碎片精配准，但对原始表面几何信息受损的碎片配准效果较差；Y. J. Li 等[7]提出了一种基于图像碎片的立体配准方法，通过将碎片边缘信息分割为小片段的方式实现配准，可以有效降低计算复杂度，但是算法容易陷入局部极值。

以上文物碎片配准方法受到已有实现方式的影响，大多存在收敛速度慢、配准效率不高、容易造成局部最佳配准等方面的问题。鉴于此，本章提出了一种基于多特征参数融合的点云配准算法，并将其应用于兵马俑碎片的自动配准拼接。该算法首先计算并融合碎片断裂面上点的 4 个特征参数，即点到邻域点的平均距离、点到邻域重心的距离、曲率及邻域法向夹角平均值，从而提取出断裂面的特征点集；然后采用基于尺度因子的 ICP 算法对特征点集进行配准，从而实现文物碎片配准拼接。该算法可以有效提高碎片配准的精度，实现文物碎片无缝拼接。

13.2　特征参数计算

文物碎片配准主要利用了文物碎片断裂面的 4 个特征参数，即点到邻域点的平均距离、点到邻域重心的距离、曲率及邻域法向夹角平均值。

13.2.1　点到邻域点的平均距离

假设某文物碎块一个断裂面的点云数据模型为 P，其上任意一点 p_i 与其 k 邻域点的距离的平均值可以用来描述该区域点云的疏密程度。通常，点云数据模型中曲面突变的区域，其数据点的分布较为密集；曲面平滑的区域，其数据点的分布较为稀疏。利用点云的这种分布特性，计算数据点 p_i 与其 k 邻域点之间的距离并求取距离平均值，利用该距离平均值可判定该数据点是否是特征点。

对于点 p_i，其 k 邻域数据点集为 $P' = \{p_{ij}(x_{ij}, y_{ij}, z_{ij})\}$，其中，$j = 1, 2, 3, \cdots, k$，点 p_i 和点 p_{ij} 的空间距离 D_i 为

$$D_i = \sqrt{(x_i - x_{ij})^2 + (y_i - y_{ij})^2 + (z_i - z_{ij})^2} \tag{13.1}$$

定义点 p_i 到其 k 邻域各点的平均距离 d_i 为

$$d_i = \frac{1}{k}\sum_{j=1}^{k}\sqrt{(\boldsymbol{p}_i - \boldsymbol{p}_{ij})^2} \tag{13.2}$$

点到邻域点的平均距离 d_i 越小，表明该点周围的数据点分布越密集，该点成为特征点的概率就越大；点到邻域点的平均距离 d_i 越大，表明该点周围的数据点分布越稀疏，该点成为特征点的概率就越小。

13.2.2　点到邻域重心的距离

点到邻域重心的距离主要用于检测点云边界特征点，对于点云曲面突变的特征点也有较好的识别效果。

对于点云 $\boldsymbol{P} = \{\boldsymbol{p}_i(x_i, y_i, z_i)\}$，其中，$i = 1, 2, 3, \cdots, n$，假设数据点 $\boldsymbol{p}_i$ 的 k 邻域数据点集为 $\{\boldsymbol{p}_{ij}(x_{ij}, y_{ij}, z_{ij})\}$，其中，$j = 1, 2, 3, \cdots, k$，点 $\boldsymbol{p}_i$ 的 k 邻域的重心 $\boldsymbol{o}_i$ 计算式为

$$\boldsymbol{o}_i = \frac{1}{k}\sum_{j=1}^{k}\boldsymbol{p}_{ij} \tag{13.3}$$

根据重心 $\boldsymbol{o}_i$ 坐标即可计算点 $\boldsymbol{p}_i$ 到其邻域重心的距离 l_i，即

$$l_i = \sqrt{(\boldsymbol{p}_i - \boldsymbol{o}_i)^2} \tag{13.4}$$

13.2.3　曲率及邻域法向夹角平均值

由于曲率和法向夹角的变化与点云中曲面的凹凸程度密切相关，其变化能够充分体现出点云曲面中特征点的尖锐程度，因此它们是作为识别点云特征点的重要参考依据。本章利用 PCA 算法来计算曲率和法向夹角的变化。

对于点 $\boldsymbol{p}_i$ 及其 k 邻域数据点，构造其协方差矩阵 $\boldsymbol{T}_i$，即

$$\boldsymbol{T}_i = \begin{bmatrix} \boldsymbol{p}_{i1} - \boldsymbol{o}_i \\ \boldsymbol{p}_{i2} - \boldsymbol{o}_i \\ \vdots \\ \boldsymbol{p}_{ik} - \boldsymbol{o}_i \end{bmatrix}^{\mathrm{T}} \begin{bmatrix} \boldsymbol{p}_{i1} - \boldsymbol{o}_i \\ \boldsymbol{p}_{i2} - \boldsymbol{o}_i \\ \vdots \\ \boldsymbol{p}_{ik} - \boldsymbol{o}_i \end{bmatrix} \tag{13.5}$$

式中，$\boldsymbol{o}_i$ 表示点 $\boldsymbol{p}_i$ 的 k 邻域点的重心。

对于协方差矩阵 $\boldsymbol{T}_i$，假设其特征值为 $\lambda_1 \leqslant \lambda_2 \leqslant \lambda_3$，最小特征值 λ_1 表示点云曲面沿法线方向的变化量；假设特征值 $\lambda_1, \lambda_2, \lambda_3$ 对应的 3 个特征向量为 $\boldsymbol{e}_1, \boldsymbol{e}_2, \boldsymbol{e}_3$，

那么点 p_i 的法线方向为 $n_i = e_1$；最后，利用点 p_i 的特征值 $\lambda_1, \lambda_2, \lambda_3$ 和法线方向 n_i 即可计算出其曲率和邻域法向夹角平均值。

定义点 p_i 的曲率 k_i 和邻域法向夹角平均值 θ_i 分别为

$$k_i = \frac{\lambda_1}{\lambda_1 + \lambda_2 + \lambda_3} \tag{13.6}$$

$$\theta_i = \frac{1}{k} \sum_{j=1}^{k} \arccos \frac{n_i \cdot n_{ij}}{|n_i| \, |n_{ij}|} \tag{13.7}$$

式中，n_{ij} 表示点 d_i 的第 j 个邻域点的法线方向。

对于点 p_i，其曲率 k_i 越大，说明该点的凹凸程度越高，则该点成为特征点的概率就越大；法向夹角平均值 θ_i 越大，说明点 p_i 周围的法向变化越明显，其邻域曲面的凹凸程度越高，则该点成为特征点的概率就越大。

13.2.4　4 个特征参数融合

对于点到邻域点的平均距离 d_i、点到邻域重心的距离 l_i、曲率 k_i 及邻域法向夹角平均值 θ_i 4 个特征参数，k_i、θ_i、l_i 与融合特征参数 ω_i 成正比。k_i、θ_i、l_i 的值越大，该点成为特征点的可能性就越大；反之，k_i、θ_i、l_i 的值越小，该点成为特征点的可能性就越小。点到邻域点的平均距离 d_i 与融合特征参数 ω_i 成反比，d_i 的值越大，该点成为特征点的可能性就越小；反之，d_i 的值越小，该点成为特征点的可能性就越大。

因此，定义点 p_i 的特征判别参数 t_i 为

$$t_i = \frac{k_i + \theta_i + l_i}{d_i} \tag{13.8}$$

定义特征参数的判别阈值 T_i 为

$$T_i = \frac{1}{n} \sum_{i=1}^{n} t_i \tag{13.9}$$

式中，n 为点云 P 中数据点的数目。

通过对点云 P 中所有数据点的特征判别参数 t_i 的判断，保留 $t_i > T_i$ 的数据点，即可实现点云特征点提取，获得特征点集 P'。

13.3　基于尺度 ICP 的特征点集配准

假设两个待配准文物碎片断裂面的点云数据模型分别为 $\boldsymbol{P}$ 和 $\boldsymbol{Q}$，通过 4 个特征参数计算和融合得到的特征点集分别为 $\boldsymbol{P}' = \{p_i'\}$ 和 $\boldsymbol{Q}' = \{q_j'\}$，接下来采用尺度 ICP 算法对特征点集进行配准。

对于特征点集 $\boldsymbol{P}'$ 和 $\boldsymbol{Q}'$，其配准问题即为如下的优化问题：

$$\min Q(s,\boldsymbol{R},\boldsymbol{t}) = \sum_{\substack{\boldsymbol{R}^{\mathrm{T}}\boldsymbol{R}=1 \\ \det(\boldsymbol{R})=1}} \| \boldsymbol{p}' - (s\boldsymbol{R}\boldsymbol{q}' + \boldsymbol{t}) \|^2 \tag{13.10}$$

式中，$\boldsymbol{R}$ 是旋转矩阵；$\boldsymbol{t}$ 是平移向量；s 是尺度因子。

首先，为了便于计算，假设特征点集 $\boldsymbol{P}'$ 和 $\boldsymbol{Q}'$ 均包含 N 个特征点，于是式（13.10）可转化为

$$Q(s,\boldsymbol{R},\boldsymbol{t}) = \sum_{i=1}^{N} \| \boldsymbol{p}_i' - (s\boldsymbol{R}\boldsymbol{q}_i' + \boldsymbol{t}) \|^2 \tag{13.11}$$

求解式（13.11）关于 $\boldsymbol{t}$ 的偏导数，有

$$\frac{\partial Q(s,\boldsymbol{R},\boldsymbol{t})}{\partial \boldsymbol{t}} = -2\sum_{i=1}^{N} (\boldsymbol{p}_i' - s\boldsymbol{R}\boldsymbol{q}_i' - \boldsymbol{t}) = 0 \tag{13.12}$$

得到平移向量 $\boldsymbol{t}$ 为

$$\boldsymbol{t} = \overline{\boldsymbol{p}}' - s\boldsymbol{R}\overline{\boldsymbol{q}}' \tag{13.13}$$

式中，$\overline{\boldsymbol{p}}' = \dfrac{1}{N}\sum_{i=1}^{N} \overline{\boldsymbol{p}}_i'$；$\overline{\boldsymbol{q}}' = \dfrac{1}{N}\sum_{i=1}^{N} \overline{\boldsymbol{q}}_i'$。

然后，将式（13.13）代入式（13.11），可得

$$
\begin{aligned}
Q(s,\boldsymbol{R},\boldsymbol{t}) &= \sum_{i=1}^{N} \| \boldsymbol{p}_i' - (s\boldsymbol{R}\boldsymbol{q}_i' + \boldsymbol{t}) \|^2 \\
&= \sum_{i=1}^{N} \| (\boldsymbol{p}_i' - \overline{\boldsymbol{p}}') - s\boldsymbol{R}(\boldsymbol{q}_i' - \overline{\boldsymbol{q}}') \|^2 \\
&= \sum_{i=1}^{N} \| \hat{\boldsymbol{p}}_i' \|^2 + s^2 \sum_{i=1}^{N} \| \boldsymbol{R}\hat{\boldsymbol{q}}_i' \|^2 - 2s\sum_{i=1}^{N} (\hat{\boldsymbol{p}}_i', \boldsymbol{R}\hat{\boldsymbol{q}}_i') \\
&= \sum_{i=1}^{N} (\hat{\boldsymbol{p}}_i'^{\mathrm{T}} \hat{\boldsymbol{p}}_i') + s^2 \sum_{i=1}^{N} \| \hat{\boldsymbol{q}}_i'^{\mathrm{T}} \boldsymbol{R}^{\mathrm{T}} \boldsymbol{R}\hat{\boldsymbol{q}}_i' \|^2 - 2s\sum_{i=1}^{N} (\hat{\boldsymbol{p}}_i'^{\mathrm{T}} \boldsymbol{R}\hat{\boldsymbol{q}}_i')
\end{aligned}
\tag{13.14}
$$

根据矩阵的迹的定义，式（13.14）可转化为

$$Q(s,\boldsymbol{R},\boldsymbol{t}) = \mathrm{tr}(\hat{\boldsymbol{P}}'^{\mathrm{T}}\hat{\boldsymbol{P}}') + s^2\mathrm{tr}(\hat{\boldsymbol{Q}}'^{\mathrm{T}}\hat{\boldsymbol{Q}}') - 2s\mathrm{tr}(\hat{\boldsymbol{P}}'^{\mathrm{T}}\hat{\boldsymbol{Q}}'\boldsymbol{R}^{\mathrm{T}}) \tag{13.15}$$

式中，$\hat{\boldsymbol{p}}_i' = \boldsymbol{p}_i' - \overline{\boldsymbol{p}}'$，$\hat{\boldsymbol{q}}_i' = \boldsymbol{q}_i' - \hat{\boldsymbol{q}}'$，$\hat{\boldsymbol{P}}' = [\hat{\boldsymbol{p}}_1',\hat{\boldsymbol{p}}_2',\cdots,\hat{\boldsymbol{p}}_N']$，$\hat{\boldsymbol{Q}}' = [\hat{\boldsymbol{q}}_1',\hat{\boldsymbol{q}}_2',\cdots,\hat{\boldsymbol{q}}_N']$，

$$\hat{\boldsymbol{P}}'^{\mathrm{T}} = \begin{bmatrix} \hat{\boldsymbol{p}}_1'^{\mathrm{T}} \\ \hat{\boldsymbol{p}}_2'^{\mathrm{T}} \\ \vdots \\ \hat{\boldsymbol{p}}_N'^{\mathrm{T}} \end{bmatrix}_{N\times n}, \quad \hat{\boldsymbol{Q}}'^{\mathrm{T}} = \begin{bmatrix} \hat{\boldsymbol{q}}_1'^{\mathrm{T}} \\ \hat{\boldsymbol{q}}_2'^{\mathrm{T}} \\ \vdots \\ \hat{\boldsymbol{q}}_N'^{\mathrm{T}} \end{bmatrix}_{N\times n}, \quad n \text{ 表示点集的维数，这里 } n = 3 \text{。}$$

令 $c_2 = \mathrm{tr}(\hat{\boldsymbol{P}}'^{\mathrm{T}}\hat{\boldsymbol{P}}') + s^2\mathrm{tr}(\hat{\boldsymbol{Q}}'^{\mathrm{T}}\hat{\boldsymbol{Q}}')$，可见 c_2 与旋转矩阵 $\boldsymbol{R}$ 无关。根据迹的性质，式（13.15）中的 $s\mathrm{tr}(\hat{\boldsymbol{P}}'^{\mathrm{T}}\hat{\boldsymbol{Q}}'\boldsymbol{R}^{\mathrm{T}})$ 可转化为

$$s\mathrm{tr}(\hat{\boldsymbol{P}}'^{\mathrm{T}}\hat{\boldsymbol{Q}}'\boldsymbol{R}^{\mathrm{T}}) = \mathrm{tr}((\hat{\boldsymbol{P}}'^{\mathrm{T}}\hat{\boldsymbol{Q}}')^{\mathrm{T}}\boldsymbol{R}) \tag{13.16}$$

将式（13.16）代入式（13.15），可得

$$Q(s,\boldsymbol{R},\boldsymbol{t}) = -c_1\mathrm{tr}((\hat{\boldsymbol{P}}'^{\mathrm{T}}\hat{\boldsymbol{Q}}')^{\mathrm{T}}\boldsymbol{R}) + c_2 \tag{13.17}$$

令 $\boldsymbol{A} = \hat{\boldsymbol{P}}'^{\mathrm{T}}\hat{\boldsymbol{Q}}'$，$\boldsymbol{USV}^{\mathrm{T}} = \mathrm{SVD}(A)$，可得最优旋转矩阵 $\boldsymbol{R}$ 为

$$\boldsymbol{R} = \boldsymbol{UCV}^{\mathrm{T}} \tag{13.18}$$

式中，$\boldsymbol{C} = d(1,1,\cdots,1,\det(\boldsymbol{UV}^{\mathrm{T}}))$。

最后，求解式（13.17）关于 s 的偏导数，可得 s 为

$$s = \frac{\mathrm{tr}(\hat{\boldsymbol{P}}'^{\mathrm{T}}\hat{\boldsymbol{Q}}'\boldsymbol{R}^{\mathrm{T}})}{\mathrm{tr}(\hat{\boldsymbol{Q}}'^{\mathrm{T}}\hat{\boldsymbol{Q}}')} \tag{13.19}$$

通过以上计算即可得到的刚体变换参数旋转矩阵、平移向量和尺度因子。

基于以上计算得到旋转矩阵 $\boldsymbol{R}$、平移向量 $\boldsymbol{t}$ 和尺度因子 s。可以定义文物碎片断裂面的配准误差 RMS 为

$$\mathrm{RMS} = \frac{1}{N}\sum_{i=1}^{N}\| \boldsymbol{p}_i' - (s\boldsymbol{R}\boldsymbol{q}_i' + \boldsymbol{t}) \|^2 \tag{13.20}$$

13.4　文物碎片配准算法的步骤

文物碎片的配准步骤具体可以描述如下：

（1）假设两个待配准的文物碎片分别为 $\boldsymbol{F}_1$ 和 $\boldsymbol{F}_2$，首先采用基于分割线的断裂面分割方法[8]得到两个文物碎片的断裂面集合分别为 $\boldsymbol{S}_1 = \{S_{11},S_{12},\cdots,S_{1m_1}\}$ 和

$S_2 = \{S_{21}, S_{22}, \cdots, S_{2m_2}\}$，其中，$m_1$ 和 m_2 分别表示碎片 F_1 和碎片 F_2 中所包含的断裂面的数目。

（2）计算所有断裂面的 4 个特征参数：点到邻域点的平均距离 d_i、点到邻域重心的距离 l_i、曲率 k_i、邻域法向夹角平均值 θ_i，并基于 4 个特征参数计算点的特征判别参数 t_i，得到断裂面上的特征点集。

（3）在断裂面集合 S_1 中，取一个未与 S_2 中断裂面配准过的断裂面 S_{1i}，$i = 1, 2, \cdots, m_1$。

（4）基于特征点集，采用尺度 ICP 算法，将 S_{1i} 与 S_2 中的断裂面 S_{2j} 进行配准，若配准误差小于给定阈值，则 S_{1i} 与 S_{2j} 配准成功，否则配准失败。

（5）取 S_2 中下一个未与断裂面 S_{1i} 配准过的断裂面进行配准，直至找到能与断裂面 S_{1i} 配准成功的断裂面或全部配准完为止。

（6）若在 S_2 中找不到可以与断裂面 S_{1i} 配准成功的断裂面，则取 S_1 中的下一个未配准过的断裂面与 F_2 的断裂面进行配准，重复步骤（4）～（5）。

（7）若将 S_1 和 S_2 中所有断裂面全部配准过后，依然没有找到可以配准的断裂面，那么 F_1 和 F_2 则是不可配准的碎片，否则 F_1 和 F_2 是可配准的碎片。

13.5 实验结果与分析

实验中，所有的文物碎片模型均为采用三维激光扫描仪获取的兵马俑碎片的点云数据模型。以 4 组文物碎片的配准为例，用实验说明文物碎片的配准结果，待配准文物碎片模型如图 13.1 所示。

（a）第 1 组　　　　　　　　　　（b）第 2 组

图 13.1　待配准文物碎片模型

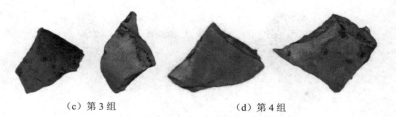

(c) 第 3 组　　　　　　　　　　　(d) 第 4 组

图 13.1　待配准文物碎片模型（续）

　　首先采用基于分割线的曲面分割算法提取碎片的断裂面,然后分别采用基于高斯混合模型的概率重加权配准算法[9]、基于网络特征学习的配准算法[10]、基于尺度不变特性的配准算法[11]和本章算法对断裂面进行配准。4 组文物碎片的配准结果分别如图 13.2～图 13.5 和表 13.1 所示。

（a）基于高斯混合模型的概率重加权配准算法　　　　　（b）基于网络特征学习的配准算法

（c）基于尺度不变特性的配准算法　　　　　　　　（d）本章算法

图 13.2　4 种算法对第 1 组文物碎片的配准结果

（a）基于高斯混合模型的概率重加权配准算法　　　　　（b）基于网络特征学习的配准算法

图 13.3　4 种算法对第 2 组文物碎片的配准结果

（c）基于尺度不变特性的配准算法　　　　　　（d）本章算法

图 13.3　4 种算法对第 2 组文物碎片的配准结果（续）

（a）基于高斯混合模型的概率重加权配准算法　　（b）基于网络特征学习的配准算法

（c）基于尺度不变特性的配准算法　　　　　　（d）本章算法

图 13.4　4 种算法对第 3 组文物碎片的配准结果

（a）基于高斯混合模型的概率重加权配准算法　　（b）基于网络特征学习的配准算法

（c）基于尺度不变特性的配准算法　　　　　　（d）本章算法

图 13.5　4 种算法对第 4 组文物碎片的配准结果

表 13.1　4 种配准算法的配准误差和耗时

碎片组别	点云数目（左，右）/个	断裂面数（左，右）/个	配准算法	配准误差/mm	耗时/s
第 1 组	35840, 61030	1, 2	基于高斯混合模型的概率重加权配准算法	0.0305	58
			基于网络特征学习的配准算法	0.0246	46
			基于尺度不变特性的配准算法	0.0233	44
			本章算法	0.0189	32
第 2 组	43676, 39771	4, 4	基于高斯混合模型的概率重加权配准算法	0.0309	53
			基于网络特征学习的配准算法	0.0252	42
			基于尺度不变特性的配准算法	0.0238	38
			本章算法	0.0195	28
第 3 组	15276, 45722	3, 4	基于高斯混合模型的概率重加权配准算法	0.0299	51
			基于网络特征学习的配准算法	0.0239	41
			基于尺度不变特性的配准算法	0.0227	35
			本章算法	0.0178	25
第 4 组	24270, 64132	4, 3	基于高斯混合模型的概率重加权配准算法	0.0317	62
			基于网络特征学习的配准算法	0.0257	49
			基于尺度不变特性的配准算法	0.0247	47
			本章算法	0.0201	38

从图 13.2～图 13.5 和表 13.1 的配准结果来看，本章提出的基于多特征参数融合的碎片配准算法的配准精度最高、耗时最短。基于高斯混合模型的概率重加权配准算法，通过先验概率再加权策略实现点云数据模型配准，对文物碎片配准具有较强的抗噪性，但是配准精度不够高；基于网络特征学习的配准算法，首先使用点网络中的集合抽象层作为特征提取层，然后将全局特征与初始模板点云进行融合，最后使用点网络作为变换预测层以计算旋转矩阵和平移向量，从而实现点云配准，该算法具有较强的健壮性，但是对外点不敏感；基于尺度不变特性的配准算法，通过结合几何特征和尺度不变特征变换算子实现配准，可以解决较大变换尺度和旋转角度造成的配准精度较低的问题，但是对文物断裂面的重叠率较低的文物碎片配准效果不佳。因此，本章提出的基于多特征参数融合的碎片配准算法是一种高精度、快速的文物碎片配准算法。

13.6   本章小结

针对文物虚拟复原关键步骤中的碎片配准环节，本章提出了一种多特征参数融合的碎片配准算法。该算法首先融合文物碎片断裂面上的点到邻域点的平均距离、点到邻域重心的距离、曲率及邻域法向夹角平均值 4 个特征参数，并提取特征点集，然后再采用尺度 ICP 算法对特征点集进行配准，从而实现文物碎片的断裂面配准。该算法可以有效降低断裂面配准的数据规模，提高时间效率和配准精度，解决基于单一几何特征的配准算法中精度不高的问题。但是，该算法没有考虑文物碎片表面纹理信息在配准中的作用。因此，后期仍然会继续研究更加通用的文物碎片配准算法，着重加强基于表面纹理信息的文物碎片配准方面的研究，进一步提高文物虚拟复原的准确率。

本章参考文献

[1] 李娇娇，孙红岩，董雨，等. 基于深度学习的 3 维点云处理综述[J]. 计算机研究与发展，2022，59（5）：1160-1179.

[2] GAO H, GENG G, ZENG S. Approach for 3D cultural relic classification based on a low-dimensional descriptor and unsupervised learning[J]. Entyopy, 2020, 22(11): 1290-1302.

[3] YANG W, ZHOU M Q, ZHANG P F, et al. Matching method of cultural relic fragments constrained by thickness and contour feature[J]. IEEE Access, 2020, 8: 25892-25904.

[4] 耿国华，张鹏飞，刘雨萌，等. 基于断裂面邻域特征的文物碎片拼接[J]. 光学精密工程，2021，29（5）：1169-1179.

[5] 胡佳贝，周蓬勃，耿国华，等. 基于生成树代价和和几何约束的文物碎片自动重组方法[J]. 自动化学报，2020，46（5）：946-956.

[6]　　高宏娟，耿国华，王飘. 基于关键点特征描述子的三维文物碎片重组[J]. 计算机辅助设计与图形学学报，2019，31（3）：393-399.

[7]　　LI Y J, ZHANG J W, ZHONG Y Z, et al. An efficient stereo matching based on fragment matching[J]. The Visual Computer, 2019, 35(2): 257-269.

[8]　　赵夫群. 基于多特征的兵马俑断裂面匹配方法研究[D]. 西安：西北大学，2019.

[9]　　SUN Z L, ZHANG R G, HU J, et al. Probability re-weighted 3D point cloud registration for missing correspondences[J]. Multimedia Tools and Applications, 2022, 81(8): 11107-11126.

[10]　LI J L, LI Y T, LONG J, et al. SAP-Net: A simple and robust 3D point cloud registration network based on local shape features[J]. Sensors, 2021, 21(21): 7177-7189.

[11]　HU Q L, NIU J Y, WANG Z W, et al. Improved point cloud registration with scale invariant feature extracted[J]. Journal of Russian Laser Research, 2021, 42(2): 219-225.

第 **14** 章

点云数据处理技术
在颅面复原中的应用

14.1　引言

　　颅面复原是一项对人类颅骨面貌（简称"颅面"）进行复原的技术，它以颅骨的形状特征和颅面复原技术为基础，以人类的面部软组织统计厚度为依据，采用一定的算法将软组织添加到颅骨上，从而实现颅骨面貌复原（简称"颅面复原"）[1]。

　　颅骨配准是颅面复原的一个重要步骤，其正确性对颅面复原起着关键性的作用。颅骨配准的基本思路为：对于一个待复原颅骨 U，也称"未知颅骨 U"，采用一定的配准算法从颅骨数据库中找出与未知颅骨 U 最为相似的一个或多个参考颅骨 S，那么参考颅骨 S 的面貌即可作为未知颅骨 U 的参考面貌，从而为未知颅骨 U 的颅面复原提供依据。目前，颅骨配准已经在考古、医学研究及刑事案件侦破等领域[2-4]得到了一定的应用。

　　由于颅骨的三维数据模型复杂，含噪声和外点较多，因此对其配准精度的要求较高。目前，三维颅骨配准大多采用基于特征的配准算法，即全局特征配准算法和局部特征配准算法[5-7]。全局特征描述了整个颅骨模型，而局部特征只描述颅骨的关键特征点或点的邻域特征。由于三维颅骨模型的点或线特征较为明显，因此局部特征比全局特征更适用于对颅骨的配准。在基于局部特征的颅骨配准算法中，特征点标定法[8-9]是使用较多的算法，但其配准结果并不十分理想。法向、曲率、凹或凸的特征区域等也是颅骨局部特征描述的重要方法，能够在一定程度上实现对三维颅骨模型的配准。此外，ICP 算法及其改进算法[10-14]也被用在了对颅骨三维点云数据模型的配准中。但是由于 ICP 算法对待配准模型的初始相对位置要求较高，因此一般要先进行颅骨粗配准，然后再采用 ICP 或其改进算法来实现颅骨精配准。

针对三维颅骨模型数据量大、分辨率差异大等问题，本章提出了一种基于孔洞轮廓线的三维颅骨模型配准算法。首先，提取颅骨的眼眶、鼻框、颞骨边缘、上颌骨边缘及下颌骨边缘等孔洞轮廓线，并将其拟合成光滑的曲线；然后，计算轮廓线上点的曲率和挠率，并将其组成特征串，再通过配准该特征串来配准轮廓线，由此实现颅骨粗配准；最后，采用概率迭代最近点（Probability Iterative Closest Point，PICP）算法将颅骨进行进一步配准，从而实现颅骨精配准的目的。

14.2　孔洞轮廓线的提取和分类

这里提取的颅骨孔洞轮廓线（简称"轮廓线"）主要包括眼眶、鼻框、颞骨边缘、上颌骨边缘及下颌骨边缘 5 种类型，如图 14.1 所示。

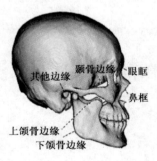

图 14.1　颅骨轮廓线的类型

对于颅骨的点云数据模型，首先将其转换为三角网格数据模型。在三角网格数据模型中，若一条边只被一个三角形使用，则称该边为边界边，边界边上的点称为边界点。多条边界边首尾相连则构成一条轮廓线。定义一条轮廓线的长度为该轮廓线包含的边界点的数目，而两条轮廓线 l_{1i} 和 l_{2j} 之间的最短距离为 $\min\{\text{distance}(\boldsymbol{p}_m, \boldsymbol{q}_n) \mid \boldsymbol{p}_m \in l_{1i}, \boldsymbol{q}_n \in l_{2j}\}$，$\text{distance}(\boldsymbol{p}_m, \boldsymbol{q}_n)$ 为轮廓线上边界点 $\boldsymbol{p}_m$ 和 $\boldsymbol{q}_n$ 的欧氏距离。

根据已有统计的轮廓线长度及轮廓线间最短距离的均值和标准差[15]，可以对三维颅骨模型的轮廓线类型进行自动识别。具体步骤如下：

（1）由于眼眶、鼻框和颞骨边缘的轮廓线长度比较接近，而上颌骨边缘和下颌骨边缘的轮廓线长度与这 3 种轮廓线长度的差异很大，因此可直接区分出上颌骨边缘和下颌骨边缘的轮廓线。

（2）如果颅骨包含上颌骨边缘轮廓线，则先任意确定其左右方位。

（3）对于剩下的待识别轮廓线，根据其长度的均值和标准差便可确定其可能的轮廓线类型。通过该步骤判断出的每条轮廓线可能有多种类型，而且某些类型还要进一步细化为左右两种。例如，眼眶轮廓线又包括左眼眶轮廓线和右眼眶轮廓线。

（4）对于每种轮廓线类型（左眼眶、右眼眶、鼻框、左颞骨边缘、右颞骨边缘），执行步骤（3）便可获得与其对应的轮廓线集合。

（5）采用两步法从所有轮廓线组合中筛选出正确的轮廓线组合。首先剔除元素有重复的轮廓线组合，再在剩下的每个组合中添加上/下颌骨边缘轮廓线；最后计算所有轮廓线间的最短距离，并判断每个距离是否满足轮廓线间最短距离的条件，若满足则记 1 分，否则记 0 分，最终得分最高的组合即为轮廓线的分类结果。

14.3 轮廓线的拟合和表示

14.3.1 轮廓线的拟合

一条轮廓线上的边界点构成一条空间离散曲线，可以采用 4 次 B 样条曲线将其拟合成光滑的空间曲线。B 样条曲线的定义如下[16]：

给定 $m = n + k + 1$ 个顶点，可以定义 $n+1$ 段 k 次参数曲线，第 i 段 B 样条

曲线函数可以表示为

$$l(t) = \sum_{s=0}^{k} \boldsymbol{p}_{i+s} f_{s,k}(t) \tag{14.1}$$

式中，$s = 0,1,\cdots,k$；$i = 0,1,\cdots,n$；$\boldsymbol{p}_{i+s}$ 为定义第 i 段曲线特征多边形的 $k+1$ 个顶点；$f_{s,k}(t)$ 为 B 样条基底函数，可表示为

$$f_{s,k}(t) = \frac{1}{k!} \sum_{j=0}^{k-s} (-1)^j C_{k+1}^j (t+k-s-j)^k \tag{14.2}$$

对于 4 次 B 样条曲线，$k = 4$，即 $s = 0,1,2,3,4$，其基底函数为

$$f_{0,4}(t) = \frac{1}{4!} \sum_{j=0}^{4} (-1)^j C_5^j (t+4-j)^4 = \frac{1}{24}(t^4 - 4t^3 + 6t^2 - 4t + 1) \tag{14.3}$$

$$f_{2,4}(t) = \frac{1}{4!} \sum_{j=0}^{2} (-1)^j C_5^j (t+2-j)^4 = \frac{1}{24}(6t^4 - 12t^3 - 6t^2 + 12t + 11) \tag{14.4}$$

$$f_{1,4}(t) = \frac{1}{4!} \sum_{j=0}^{3} (-1)^j C_5^j (t+3-j)^4 = \frac{1}{24}(-4t^4 + 12t^3 - 6t^2 - 12t + 11) \tag{14.5}$$

$$f_{3,4}(t) = \frac{1}{4!} \sum_{j=0}^{1} (-1)^j C_5^j (t+1-j)^4 = \frac{1}{24}(-4t^4 + 4t^3 + 6t^2 + 4t + 1) \tag{14.6}$$

$$f_{4,4}(t) = \frac{1}{4!} \sum_{j=0}^{0} (-1)^j C_5^j (t-j)^4 = \frac{1}{24}t^4 \tag{14.7}$$

那么，第 i 段 B 样条曲线的矩阵表达式可写为

$$l_{i,4}(t) = \sum_{l=0}^{4} \boldsymbol{p}_{i+s} f_{s,k}(t) = \frac{1}{6} \begin{bmatrix} t^4 t^3 t^2 t^1 \end{bmatrix} \begin{bmatrix} 1 & -4 & 6 & -4 & 1 \\ -4 & 12 & -12 & 4 & 0 \\ 6 & -6 & -6 & 6 & 0 \\ -4 & -12 & 12 & 4 & 0 \\ 1 & 11 & 11 & 1 & 0 \end{bmatrix} \begin{bmatrix} \boldsymbol{p}_i \\ \boldsymbol{p}_{i+1} \\ \boldsymbol{p}_{i+2} \\ \boldsymbol{p}_{i+3} \\ \boldsymbol{p}_{i+4} \end{bmatrix} \tag{14.8}$$

对于第一部分提取的轮廓线上的每个边界点 $\boldsymbol{p}_i$，选取与其相邻的前后各两个点，即 $\boldsymbol{p}_{i-2}, \boldsymbol{p}_{i-1}$ 和 $\boldsymbol{p}_{i+1}, \boldsymbol{p}_{i+2}$，对 $\boldsymbol{p}_i$ 及其相邻点共 5 个点采用 4 次 B 样条曲线对其进行拟合，假设得到拟合轮廓线 $l(t) = (x(t), y(t), z(t))$。

14.3.2　轮廓线的表示

轮廓线用边界点的曲率和挠率表示，即将轮廓线上边界点的曲率和挠率组成特征串，通过计算两条轮廓线的相似度进行轮廓线的配准。

设轮廓线 $l(t) = (x(t), y(t), z(t))$ 的一阶导数和二阶导数分别为 $l'(t) = (x'(t),$ $y'(t), z'(t))$ 和 $l''(t) = (x''(t), y''(t), z''(t))$，于是轮廓线 $l(t)$ 的曲率 $k(t)$ 和挠率 $\tau(t)$ 分别为

$$k(t) = \frac{\sqrt{A^2 + B^2 + C^2}}{\sqrt{\left[x'(t)^2 + y'(t)^2 + z'(t)^2\right]^3}} \tag{14.9}$$

$$\tau(t) = \frac{\begin{vmatrix} x'(t) & y'(t) & z'(t) \\ x''(t) & y''(t) & z''(t) \\ x'''(t) & y'''(t) & z'''(t) \end{vmatrix}}{A^2 + B^2 + C^2} \tag{14.10}$$

式中，$A = \begin{vmatrix} y'(t) & z'(t) \\ y''(t) & z''(t) \end{vmatrix}$，$B = \begin{vmatrix} z'(t) & x'(t) \\ z''(t) & x''(t) \end{vmatrix}$，$C = \begin{vmatrix} x'(t) & y'(t) \\ x''(t) & y''(t) \end{vmatrix}$。

那么，轮廓线 $l(t)$ 的特征串可表示为 $\boldsymbol{S} = \{(k^1, \tau^1), (k^2, \tau^2), \cdots, (k^c, \tau^c)\}$，$c$ 表示 $l(t)$ 上边界点的数目。

14.4 轮廓线配准

设两个待配准的颅骨为 U 和 S，其中 U 为未知颅骨，S 为参考颅骨。假设 U 和 S 的轮廓线集合分别为 $\boldsymbol{C}_1 = \{l_{11}, l_{12}, \cdots, l_{1m}\}$ 和 $\boldsymbol{C}_2 = \{l_{21}, l_{22}, \cdots, l_{2n}\}$，$m$ 和 n 分别表示 U 和 S 中轮廓线的数目。对于轮廓线 $l_{1i} \in \boldsymbol{C}_1$ 和 $l_{2j} \in \boldsymbol{C}_2$，$i = 1, 2, \cdots, m$，$j = 1, 2, \cdots, n$，用曲率和挠率表示的 l_{1i} 和 l_{2j} 的特征串分别为 $\boldsymbol{S}_{1i} = \{(k_{l_{1i}}^1, \tau_{l_{1i}}^1), (k_{l_{1i}}^2, \tau_{l_{1i}}^2), \cdots, (k_{l_{1i}}^{c_1}, \tau_{l_{1i}}^{c_1})\}$ 和 $\boldsymbol{S}_{2j} = \{(k_{l_{2j}}^1, \tau_{l_{2j}}^1), (k_{l_{2j}}^2, \tau_{l_{2j}}^2), \cdots, (k_{l_{2j}}^{c_2}, \tau_{l_{2j}}^{c_2})\}$。

那么，基于轮廓线特征串的颅骨配准方法的具体步骤描述如下：

（1）设置初值 $i = 1$，$j = 1$，$i \leqslant m$，$j \leqslant n$。

（2）取未知颅骨 U 中的第 i 条轮廓线 l_{1i}。

（3）取参考颅骨 S 中的第 j 条轮廓线 l_{2j}，计算 l_{1i} 和 l_{2j} 的相似度 ξ_1。若 ξ_1 大于给定阈值，则用四元数法计算 l_{1i} 和 l_{2j} 的旋转矩阵 $\boldsymbol{R}$ 和平移向量 $\boldsymbol{t}$，将 l_{1i} 和 l_{2j} 对齐；若 ξ_1 小于给定阈值，则转到步骤（4）。

$$\xi_1 = \sqrt{(k_{l_{1i}}^{ci} - k_{l_{2j}}^{cj})^2 + (\tau_{l_{1i}}^{ci} - \tau_{l_{2j}}^{cj})^2} \tag{14.11}$$

（4）执行 $j = j+1$，若 $j \leqslant n$，则转到步骤（3），否则转到步骤（5）。

（5）执行 $i = i+1$ 操作，若 $i \leqslant m$，则转到步骤（2），否则转到步骤（6）。

（6）若未知颅骨 U 中的轮廓线都能在参考颅骨 S 中找到配准的轮廓线，参考颅骨 S 中的轮廓线都能在未知颅骨 U 中找到配准的轮廓线，并且一一对应，那么未知颅骨 U 和参考颅骨 S 配准成功，否则配准失败。

通过颅骨轮廓线的配准，两个颅骨已经基本对齐。接下来再采用 PICP 算法[14]将两个颅骨进行精配准。PICP 算法是在 ICP 算法的基础上，通过添加高斯概率模型实现的，该算法具有较强的抗噪性，适用于颅骨的精配准。

14.5　实验结果与分析

本节实验数据采用西北大学可视化技术研究所提供的用 CT 扫描的颅骨点云数据模型。对于一个未知颅骨 U，在颅骨数据库中配出一个或者几个相似的颅骨，作为颅面复原的参考颅骨。采用本章算法，首先将点云数据模型转换为三角网格数据模型，提取待配准颅骨的眼眶、鼻框、颧骨边缘、上颌骨边缘及下颌骨边缘等孔洞轮廓线；然后通过特征串的配准实现颅骨轮廓线的配准，由此实现颅骨的配准，最后采用 PICP 算法将颅骨进行进一步的精配准。

通过将未知颅骨 U［见图 14.2（a）］与颅骨库中 265 个颅骨（S1～S265）进行配准，找到未知颅骨 U 的最佳配准颅骨 S1［见图 14.2（b）］，其配准结果如图 14.3 所示。

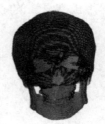

（a）未知颅骨 U　　　　　　　　（b）参考颅骨 S1

图 14.2　待配准颅骨

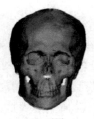 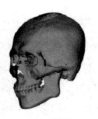

（a）正面　　　　　　　　　　　　（b）侧面

图 14.3　未知颅骨 U 和参考颅骨 S1 的配准结果

从图 14.3 可见，采用本章算法，未知颅骨 U 和参考颅骨 S1 能够得到良好的配准结果，参考颅骨 S1 可以作为未知颅骨 U 的参考颅骨，可以为未知颅骨 U 提供可能的复原面貌参考。

未知颅骨 U 与剩下的 264 个颅骨（S2～S265）均配准失败，部分配准结果如图 14.4 所示。

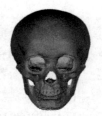  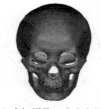

（a）未知颅骨 U 和参考颅骨　（b）未知颅骨 U 和参考颅骨　（c）未知颅骨 U 和参考颅骨

S2 的配准结果　　　　　　　S3 的配准结果　　　　　　　　S4 的配准结果

图 14.4　未知颅骨 U 和参考颅骨 S2～S4 的配准结果

为了进一步说明本章颅骨配准算法的性能，对未知颅骨 U 和参考颅骨 S1 再分别单独采用 PICP 算法和可信区域配准算法[17]进行配准，PICP 算法的配准结果和可信区域配准算法的配准结果如图 14.5 所示。

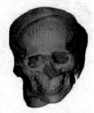 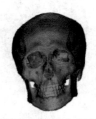

（a）PICP 算法的配准结果　　　　　　（b）可信区域配准算法的配准结果

图 14.5　两种算法的配准结果

从图 14.5 的配准结果来看，虽然 PICP 算法具有较强的抗噪性，但是单独采用 PICP 算法并不能实现两个颅骨的正确配准。这是由于 PICP 算法对两个待配准颅骨的初始相对位置要求较高，一般需要先进行粗配准，再采用 PICP 算法进行配准，这样才能达到精配准。而可信区域配准算法能够将两个颅骨进行配准，但是与本章算法相比，可信区域配准算法的配准结果精度有所降低。

对于未知颅骨 U 和参考颅骨 S1～S4，分别采用 PICP 算法、可信区域配准算法及本章算法进行配准，结果如表 14.1 所示。

表 14.1　3 种配准算法的对比结果

待配准颅骨	点云数目（左，右）/个	配准算法	配准误差/mm	耗时/s
U, S1	416777, 200850	PICP 算法	0.0125	8.15
		可信区域配准算法	0.0069	6.13
		本章算法	0.0042	4.08
U, S2	416788, 409017	PICP 算法	0.0206	9.34
		可信区域配准算法	0.0113	7.03
		本章算法	0.0069	4.68
U, S3	416696, 290794	PICP 算法	0.0247	10.20
		可信区域配准算法	0.0141	7.62
		本章算法	0.0085	5.09
U, S4	416771, 407603	PICP 算法	0.0208	9.37
		可信区域配准算法	0.0114	7.05
		本章算法	0.0071	4.70

从表 14.1 的配准结果来看，本章配准算法的配准精度高、耗时最短。与 PCIP 算法相比，本章算法的配准精度和耗时分别提高和缩短了约 60% 和 50%，与可信区域配准算法相比，本章算法的配准精度提高约 30% 和耗时缩短约 30%。因此，本章提出的基于孔洞轮廓线的三维颅骨模型配准算法是一种速度更快、精度更高的算法。

14.6　本章小结

颅骨配准是计算机辅助颅面复原的重要研究内容之一。由于颅骨数据量大、含噪声多、结构复杂，因此它对配准精度的要求较高。鉴于此，本章提出了一种基于孔洞轮廓线的三维颅骨模型配准算法。首先提取颅骨的孔洞轮廓线，然后采用轮廓线的特征串实现颅骨轮廓线的配准，最后采用 PICP 算法将颅骨进行进一步的配准，从而实现颅骨精配准的目的。实验结果表明，该算法比已有配准算法具有更高的配准精度和收敛速度，可以实现三维颅骨模型的快速精配准。虽然该算法达到了较高的颅骨配准精度，但是依然不能正确实现孔洞缺失颅骨的配准，因为该算法要求两个待配准颅骨孔洞轮廓线之间存在一一对应的关系。在今后的研究中，要进一步解决孔洞缺失颅骨的配准问题，并将颅骨配准结果应用到颅面复原研究中，提高颅面复原技术在人类考古、刑事案件侦破等领域的应用。

本章参考文献

[1]　朱艳芳，刘晓宁，耿国华. 基于体素模型与多尺度约束的三维面皮点对应[J]. 西北大学学报（自然科学版），2017，47（1）：43-49.

[2]　DENG Q, ZHOU M, SHUI W, et al. A novel skull registration based on global and local deformations for craniofacial reconstruction[J]. Forensic Science International, 2011, 208: 95-102.

[3]　ZHOU C, ANSCHUETZ L, WEDEr S, et al. Surface matching for high-accuracy registration of the lateral skull base[J]. International Journal of Passenger Cars-Electronic and Electrical Systems, 2016, 11: 2097-2103.

[4]　LIU J. Implementation of a semi-automatic tool for analysis of TEM images of kidney samples[D]. Uppsala: Uppsala University, 2012.

[5]　RODRIGUES M, FISHER R, LIU Y. Special issue on registration and fusion of range images[J]. Computer Vision & Image Understanding, 2002, 87(1-3): 1-7.

[6]　FUNKHOUSER T, MIN P, KAZHDAN M, et al. A search engine for 3D models[J]. ACM Transactions on Graphics, 2003, 22(1): 83-105.

[7]　FROME A, HUBER D, KOLLURI R, et al. Recognizing objects in range data

using regional point descriptors[J]. Lecture Notes in Computer Science, 2004, 3023: 224-237.

[8]　刘晓宁，周明全，高原. 一种自动标定颅骨特征点的方法[J]. 西北大学学报（自然科学版），2005，35（3）：258-261.

[9]　LINDEBERG T. Scale Selection Properties of Generalized Scale-Space Interest Point Detectors[J]. Journal of Mathematical Imaging and Vision, 2013, 46(2): 177-210.

[10]　BESL P J, MCKAY N D. A method for registration of 3-D shapes[J]. IEEE Transactions on Pattern Analysis & Machine Intelligence, 1992, 14(3): 239-256.

[11]　Li W, Song P. A modified ICP algorithm based on dynamic adjustment factor for registration of point cloud and CAD model[J]. Pattern Recognition Letters, 2015, 65: 88-94.

[12]　MAVRIDIS P, ANDREADIS A, PAPAIOANNOU G. Efficient Sparse ICP[J]. Computer Aided Geometric Design, 2015, 35(C): 16-26.

[13]　DU S, ZHENG N, XIONG L, et al. Scaling iterative closest point algorithm for registration of m-D point sets[J]. Journal of Visual Communication & Image Representation, 2010, 21(21): 442-452.

[14]　DU S, LIU J, ZHANG C. Probability iterative closest point algorithm for m-D point set registration with noise[J]. Neurocomputing, 2015, 157(CAC): 187-198.

[15]　热孜万古丽·夏米西丁，耿国华，古丽松·那斯尔丁，等. 基于边缘对应的三维颅骨自动非刚性配准方法[J]. 计算机应用，2016，36（11）：3196-3200+3206.

[16]　丁爱玲，周琳，李鹏. 计算机图形学[M]. 西安：西安电子科技大学出版社，2005.

[17]　BERGSTROM P, EDLUND O. Robust registration of surfaces using a refined iterative closest point algorithm with a trust region approach[J]. Numer Algorithnms, 2017, 74: 755-779.

后　记

在点云数据处理（包括点云去噪、点云简化、点云配准、点云分割、点云数据模型检索等）算法及其应用方面，本书所做的主要研究工作总结如下：

（1）本书提出了一种几何特征保持的点云去噪算法。该算法首先构造点及其邻域点的张量投票矩阵，通过计算该矩阵的特征值和特征向量构造扩散张量，并基于扩散张量利用各向异性扩散方程进行循环滤波，从而实现点云初始粗去噪；然后计算滤波后点云的曲率特征，并根据曲率值进一步删除点云中的噪声点，从而实现点云精去噪；最后通过计算点云熵值对去噪算法进行定量评价。该算法具有较大的熵值、较小的去噪误差和较高的执行效率，在保持尖锐几何特征的同时可以快速精确地剔除噪声点，是一种有效的点云去噪算法。

（2）本书提出了 3 种点云简化算法：基于信息熵和改进 KMC 的点云简化算法、基于点重要性判断的点云简化算法、基于栅格划分和曲率分级的点云简化算法。

基于信息熵和改进 KMC 的点云简化算法：首先定义点云局部区域的曲率信息熵，并根据点的信息熵删除非特征点，从而实现点云初始粗简化；然后采用一种基于 K-D 树的改进 KMC 算法实现点云的进一步精简化，从而实现点云最终精简化。该算法与包围盒法、随机采样法、聚类简化法及曲率简化法的简化精度相比有明显提高，具有良好的简化效果。

基于点重要性判断的点云简化算法：首先计算点的重要性，并根据重要性提取特征点；然后采用八叉树对非特征点进行简化，从而保留点云的主要细节特征，实现点云简化处理。该算法可以在有效保持点云细节几何特征的同时，提高点云简化的精度和效率。

基于栅格划分和曲率分级的点云简化算法：首先构造点云数据模型的长方体包围盒，并将包围盒划分成若干个小立方体栅格，使得每个点都包含在栅格中；然后计算每个栅格中各个点的权值，通过对比权值和权阈值来确定该点是否保留，从而删除噪声点，实现点云初始粗简化；最后采用基于曲率分级的简化算法实现点云精简化。该算法具备较好的几何特征保持性能，是一种有效的点云简化算法。

（3）本书提出了 4 种点云配准算法：基于 NDT 和曲率的层次化点云配准算法、基于特征点和改进 ICP 的点云配准算法、基于特征点区域划分的点云配准算法、基于降维多尺度 FPFH 和改进 ICP 的点云配准算法。

基于 NDT 和曲率的层次化点云配准算法：首先利用 BFGS 对 NDT 算法进行优化，使算法沿着梯度下降方向不断迭代，提高点云粗配准效率；然后计算点云的主曲率、高斯曲率和平均曲率等特征参数，并通过对其融合实现局部特征描述；最后采用基于曲率融合的 ICP 算法对点云进行精配准，达到进一步提高配准精度的目的。该算法可以达到较高的配准精度和时间效率，是一种有效的点云配准算法。

基于特征点和改进 ICP 的点云配准算法：首先通过描述点云曲率变化情况提取点云特征点集，并利用重心法使参考点云与待配准点云特征点集的重心重合，实现初始位姿确定；然后在 ICP 算法迭代时，利用 PCA 算法对特征点集进行主成分分析，选取前 3 个主成分特征向量，通过刚体变换进行对应配准，再利用欧氏距离寻找最近点，实现点云精配准。该算法可以有效解决杂乱点云配准精度低、耗时长及传统算法需要调节较多参数等问题。

基于特征点区域划分的点云配准算法：首先在点的局部区域构造法向量特征，获得点云的特征点和特征点集；然后对特征点集进行区域划分，将点云分解为多个小规模的点云区域；最后通过区域配准将点云初步对齐，再利用 ICP 算法对其进行进一步的精对齐，从而实现点云的最终配准。该算法可以有效解决全局点云配准算法配准精度低、耗时长及对重叠比例较低的点云配准效果不佳等问题。

基于降维多尺度 FPFH 和改进 ICP 的点云配准算法：该算法采用由粗到精的层次化方式实现配准，首先计算点云的多尺度 FPFH 特征描述子，并采用 PCA 算法对多尺度 FPFH 进行降维处理，以降低后期错误配准点对的数量；然后通过对降维多尺度 FPFH 的相似性判断实现点云粗配准；最后采用结合 K-D 树的 ICP 算法实现点云精配准。该算法可以解决基于单点特征的点云配准算法存在配准精度不高、容易陷入局部最优等问题，提高了点云配准的精度。

（4）本书提出了两种点云分割算法：基于改进 RANSAC 的点云分割算法、基于 SVM 和加权 RF 的点云分割算法。

基于改进 RANSAC 的点云分割算法：通过构建 K-D 树，利用半径空间密度重新定义初始点的选取方式，经过多次迭代来剔除无特征点，在实现点云分割的同时可以有效去除噪声点；同时，该算法重新设定判断准则，优化面片合并，可以实现点云的精分割。对散乱点云数据进行分割实验，结果表明该算法的点云特征提取数据量较大，面片分割的准确率较高，是一种有效的点云分割算法。

基于 SVM 和加权 RF 的点云分割算法：首先选取三维坐标值、RGB 值、回波强度、点云密度、法向量和平均曲率等组成特征向量，以训练 SVM 分类器，并采用一对一策略实现点云的初始粗分割；然后利用 MIC 和 SCC 两个系数对决策树的相关性进行评估，并据此对决策树进行加权，从而构建加权 RF 模型以实现点云的进一步精分割。该算法可以有效提高点云数据的分类精度，实现对物体或场景的精分割。

（5）本书提出了一种基于特征融合的点云数据模型检索算法。以兵马俑碎片的三维点云数据模型为实验对象，首先计算点的主曲率和法向夹角，并对其进行加权融合；然后基于该融合特征构造特征配准算法，通过对融合特征的配准实现碎片模型检索。该算法可以有效提高碎片的检索精度，避免算法陷入局部极值，解决已有检索算法局部特征有效性较低的问题。

（6）本书研究了点云处理算法在文物虚拟复原和颅面复原领域中的应用。

本书针对兵马俑碎片的点云数据模型，提出了一种基于特征融合的文物碎片自动配准算法。首先采用分割算法提取文物碎片的断裂面，并计算断裂面上点的 4 个特征参数，即点到邻域点的平均距离、点到邻域重心的距离、曲率及邻域法向夹角平均值；然后融合 4 个特征参数得到特征判别参数，并通过判断特征判别参数值提取出特征点集；最后采用基于尺度因子的 ICP 算法对特征点集进行配准，从而实现文物碎片的断裂面配准。该算法可以有效解决基于单一几何特征的文物碎片配准方法中精度不高的问题。

本书针对颅面复原中的颅骨配准问题，提出了一种基于孔洞轮廓线的颅骨点云配准算法。首先提取颅骨的眼眶、鼻框、颧骨边缘、上颌骨边缘及下颌骨边缘等孔洞轮廓线，并将其拟合成光滑的曲线；然后计算轮廓线上点的曲率和挠率，并将其组成特征串，再通过配准该特征串来配准轮廓线，由此实现颅骨粗配准；最后采用 PICP 算法将颅骨进行进一步的精配准，从而达到颅骨精配准的目的。该算法比已有配准算法具有更高的配准精度和收敛速度，对颅面复原的正确性有着重要影响。

点云数据处理技术历经多年发展，已取得了诸多研究成果。随着点云数据处理技术应用领域的进一步扩大，它将面临更大的挑战，具体体现在以下几个方面。

（1）点云数据处理算法的性能和实用性的进一步提高。例如，更多地运用点云和特征的高效存储及索引方法，以消除部分信息冗余的点云预处理及特征表示方法；寻求更加具有代表性且数量较少，提取更方便快速、更加健壮及受离群值、噪声、采集条件影响更小的特征，从更大范围提取局部特征和语义特征；无监督自主地进行点云配准，能够检测配准失败，并自动纠错或进行其他处理。

（2）点云数据处理技术在应用场景上的挑战。例如，针对大规模点云、动态非稳定点云、缺乏特征点云等，在点云数据处理的可用性和可靠性方面提出更高的要求。在性能方面，保证实时在应用中可以达到更高的准确率；在应用条件方面，在计算资源有限的设备上能否达到可以接受的效率；在算法的通用性方面，目前已有算法对于复杂场景、大规模点云的研究还缺乏基准数据集。

（3）在点云数据的并行化处理方面，可以进行的进一步研究包括：利用并行计算的优势提高点云数据处理精度；充分利用集群的优势，研究分布式并行计算框架下的海量点云数据并行处理技术，编写更优化的通信模型，以便进一步缩减程序的运行时间；研究新的基于海量点云数据处理的并行算法，提出更加适合点云数据处理，具备数据并行、算法并行的通用计算模型。

（4）对于点云数据处理的软件，需要增加更多的应用互动功能，如查看识别出的点云数据的坐标信息、深度值等，用户可以方便地使用软件查看更加详细、精确的点云信息。

（5）对于点云中存在的孔洞，在曲面重建时会显示出一些错误的图像信息，这些点成像后很突兀，后续还需要对点云数据进行补洞等进一步研究。

反侵权盗版声明

　　电子工业出版社依法对本作品享有专有出版权。任何未经权利人书面许可，复制、销售或通过信息网络传播本作品的行为；歪曲、篡改、剽窃本作品的行为，均违反《中华人民共和国著作权法》，其行为人应承担相应的民事责任和行政责任，构成犯罪的，将被依法追究刑事责任。

　　为了维护市场秩序，保护权利人的合法权益，我社将依法查处和打击侵权盗版的单位和个人。欢迎社会各界人士积极举报侵权盗版行为，本社将奖励举报有功人员，并保证举报人的信息不被泄露。

举报电话：（010）88254396；（010）88258888
传　　真：（010）88254397
E-mail：　dbqq@phei.com.cn
通信地址：北京市万寿路 173 信箱
　　　　　电子工业出版社总编办公室
邮　　编：100036